上海文化发展基金会图书出版专项基金资助出版

清代服饰制度与传世实物考 男装卷

A study of men's costume systems in the Qing dynasty
and material objects handed down

李雨来 李晓君 李晓建 著

U0377544

东华大学出版社·上海

图书在版编目（CIP）数据

清代服饰制度与传世实物考．男装卷／李雨来，李晓君，

李晓建著．-- 上海：东华大学出版社，2019.9

ISBN 978-7-5669-1528-3

I. ①清… II. ①李… ②李… ③李… III. ①男服—中

国—清代—图集 IV. ① TS941.742.49-64

中国版本图书馆 CIP 数据核字（2019）第 182012 号

责任编辑：马文娟

装帧设计：肖　雄

清代服饰制度与传世实物考·男装卷

QINGDAI FUSHI ZHIDU YU CHUANSHI SHIWUKAO

NANZHUANGJUAN

著：李雨来　李晓君　李晓建

出　版：东华大学出版社

（上海市延安西路 1882 号，邮政编码：200051）

本社网址：dhupress.dhu.edu.cn

天猫旗舰店：http://dhdx.tmall.com

营销中心：021-62193056　62373056　62379558

印　刷：杭州富春电子印务有限公司

开　本：889mm×1194mm　1/16

印　张：20.5

字　数：722 千字

版　次：2019 年 11 月第 1 版

印　次：2019 年 11 月第 1 次印刷

书　号：ISBN 978-7-5669-1528-3

定　价：398.00 元

李雨来、李玉芳夫妇

作者简介

李雨来

自由职业者，著名收藏家，北京服装学院艺术类硕士研究生校外导师，中华全国工商业联合会古玩商会会员，古典织绣服饰研究会副会长。

作者长期从事中国古代织绣品的收藏和研究工作，历时四十余年，积累了大量清代服饰传世实物，并且对这些实物多有研究心得，对清代服饰的文化内涵有独特的情感和认知。

从 2000 年起，作者陆续将自己的收藏心得和多年的感悟付梓出版。先后在一些学术刊物上发表《藏龙心得》等文章。

2004 年，北京刺绣协会成立，作者接受台湾东森电视台采访，传播和弘扬中国传统服饰文化。

2008 年，参与中央电视台鉴宝节目。

2012 年发表著作《明清绣品》，书中使用了大量从未公开出版过的实物资料，很多理论都是首次发表，以实物为依据提出不同以往的新问题，以实物比对的的方法来分析和阐述观点。由于作者对古代织绣品独特的观念，不同的视角，该书内容丰富，版图精美，文化内涵积蕴深厚，得到古代服饰文化研究领域广泛认可与好评。著名书法家、中国国家博物馆馆长吕章申为本书亲笔题名"明清绣品"。原中国国家文物局局长、北京故宫博物院院长吕济民先生题词"雨来先生存绣品，服装端正，工巧艺精，文明礼仪，蕴宝藏珍"。著名学者，中央工艺美术学院教授黄能馥先生对作者颇为赏识，2003年做书画并题词"龙袍衮服，气宇辉煌，材质珍贵，工技非常。帝制崩溃，遗散四方。李君雨来，奔走购藏，历二十年，收效客观。中华奇珍，与世共赏"。著名鉴赏家，上海东华大学（原中国纺织大学）教授包铭新先生为本书作序，赞誉作者传奇般的收藏经历和鉴赏家的独到见解，肯定本书不同以往同类作品的学术地位和文化价值。该书特色显明，内容丰富，得到业内专家的赞许和肯定，同时也得到市场的认可，2015年《明清绣品》一书售罄，并再版。

2013年完成并出版著作《明清织物》，该书获得上海文化发展基金会图书出版专项基金资助。内容主要包括明清织物的织造工艺、纹样种类、织物品种和名称来源等。著作使用了大量的作者收藏的实物图片，以实物对比的方式，对明清时期的织物进行解读，部分观点与学院派不尽相同，并提出了一些新问题和新概念。

2014年，作为专家，参加北京电视台"天下收藏"节目录制，负责宫廷服装鉴定。

2015年，《明清绣品》再版。

2016年，著作《中国传世名绣品实录研究》获得上海文化发展基金会图书出版专项基金资助。该书以相关实物和资料为基础，附加大量实物比对的方法，图文并茂的解释各地方名绣的风格和特点，从构图、色彩、针法的区别上系统的分析了苏绣、蜀绣、湘绣、粤绣以及京绣、鲁绣、潮州绣的差别，各绣种之间的不同之处。分别解释了每个地区的工艺特点以及流行区域等。对各种知名的地方刺绣做了系统、详细的解读。2017年6月东华大学出版社出版。

2017 年 10 月，在北京服装学院举办"江南三织造：李雨来藏清代宫廷服饰萃珍"专题展以及鉴古织今：清代服饰文化研讨会。活动由北京服装学院艺术与工程学院主办，中国纺织出版社、民进北京服装学院支部及北服创新园协办。展览得到社会各界广泛认可。

2017 年 12 月，在无锡江南大学举办"华裳撷珍——李雨来先生藏清代宫廷服饰展"，获得热烈反响和广泛好评，无锡市副市长慕名参观并高度肯定此次展览的学术价值和社会意义。

2017 年 11 月，为北京服装学院师生开展题为"龙袍主题纹样演变"的专题讲座。

2017 年 12 月，参加北京服装学院学术讲堂活动，开展题为"清朝宫廷女装与汉族女装的区别"的专题讲座。

2018 年 4 月 3 日，应北京服装学院邀请，开展主题为"传统裁绫绣"的专题讲座。之后曾多次在各地参与各种活动。

2018 年 4 月 6 日，受邀参加丝绸苏州 2018"丝绸艺术新市场"论坛，并发表演讲。

2018 年 4 月，在东华大学纺织服饰博物馆举办"中国传统织绣文化展——李雨来藏品撷珍"。作为 2018"环东华时尚周"的重要内容，展览获得广泛好评，SMG 上海电视台，新华网等众多媒体进行了报道，引起了传统织绣文化热潮。

2018 年 6 月，接受辽宁相关领导邀请，在辽宁新宾做清代宫廷服饰展。

2018 年 12 月，赴俄罗斯莫斯科参加"丝路影像展"，受到人民日报、新华社、凤凰卫视和俄罗斯电视台等多家媒体报道。

2017 年，完成书稿《清代服饰制度与传世实物考》马未都先生题写序言，2019 年出版。

序

早在《后汉书》上就有"锦绣绮纨"的记载，显然这些文字都是织物；到了唐朝，大诗人刘禹锡《酬乐天见贺金紫之什》有"珍重贺诗呈锦绣，愿言归计并园庐"之句，此时，"锦绣"已指美好的事物；再后来，锦绣用途多了起来，锦绣心肠，锦绣山河，锦绣前程，锦绣至此已成为大众口中的向往，喻示一切美好。

锦绣自古到今都是中国人的一道亮丽的风景，源于我们是丝的国度。古希腊古罗马人称我们为丝国；甲骨文中已有桑蚕丝帛等字，汉字中，以糸为偏旁的字多达一百多个，湖州钱山漾文化遗址，出土的残绢片和丝织物，证明了中国人使用丝的历史有近五千年了。

五千年来，中国人一步一个脚印，扎实的将丝绸技术提高，同时又将丝绸推向世界，形成了著名的丝绸之路。就是这样一个由小小桑蚕吐丝而成的织物，包裹了中国华美绚丽的历史，写下了灿烂文明的篇章。我们的先秦的奢逸，秦汉的诡幻，隋唐的绮丽，宋元的含蓄，明清的瑰奇，伴随着世界文明一同成长。

锦，《说文解字》释：襄邑织文也。汉朝襄邑县进贡织文，即染丝织成的文章，此"文章"乃指斑斓的花纹；绣，《说文解字》释：五采备也。郑注：刺者为绣。织为锦，刺为绣，构成古人对锦绣的科学认知。前者古，后者新，这个新也仅是相对而言。

锦的历史大大地长于绣的历史，其存在道理也顺理成章，至少在周代织锦技术就已十分完善，前苏联巴泽雷克地区发现的战国时期中国丝绸，就有红绿二色织造的纬锦；新疆民丰尼雅遗址出土的汉代五色织锦，色彩搭配协调，图案井然有序，令人叹为观止。从这点上可以看出两三千年前织锦的成熟。至中古时代隋唐辽宋，尤其宋锦以素雅著称，品种繁多，存世珍品多见，让后人有了直观的感受。加之宋锦多在古籍书画装裱上体现，既表现出文化内涵，又极具富贵之气。

绣品则远迟于锦，锦上添花谓之绣。典或出宋王安石的《即事》：嘉招欲覆杯中渌，丽唱仍添锦上花。黄庭坚的《了了庵颂》亦有：又要涪翁作颂，且图锦上添花。由此可见，至宋"锦上添花"已成为风尚，这一风尚让绣品迅速成熟。

辽宋金元绣品增加，至明清蔚为大观。尤其明清皇家的使用提倡，使得绣品成为皇家著装的标识，龙袍蟒服的君臣等级的形成，让龙袍成为皇帝上朝的礼服，逐步完善成定式，不得僭越；而蟒服最初由明朝皇帝赐服官员，至清放松至王公贵族，乃至最后宽至进入戏曲界，极端美化成为蟒衣戏服。

所有这些，都与我们古老的丝绸文化有关。尤其宋之后丝绸制品逐渐普及至民间，绣衣绣裙到了明清富庶家，凡女红皆以绣活为尚，遇喜庆之日，著秀服即可知女红高低，继而知家境富贫；手艺由此代代传承，文化由此发扬光大。

凡此种种，皆有证物存世。本书作者李雨来先生，数十年如一日，与绣品打交道，从生意起，至收藏终，成就了一门学问。在我所知的并有缘的古物意者中，雨来先生鹤立鸡群，眼光独特，于生意中有感悟，于感悟中有收获，将自己前半生的经历与阅历反复咀嚼，潜然著书。当他把书稿呈现给我时，用"肃然起敬"已不能表达我的心情；我是真心地觉得雨来先生的不易，不是科班出身，又不具文化的基础训练，全凭个人热情与韧性，将这样一本连专家都望而却步的著作完成，为这个文化崛起的时代提供的第一手资料。

老子在《道德经》中有句名言："见素抱朴，少私寡欲，绝学无忧"。大约一千年后的东晋葛洪，自号抱朴子，著书立说，他的《抱扑子·博喻》中有一句与本书巧合："华兖灿烂，非只色之功；嵩岱之峻，非一篑之积"。这话说得不仅吻合，而且深刻，也是雨来先生成就的写照。

是为序。

前言

回顾自己与织绣品打交道的过程，不觉有点小小的感慨。完全外行且无任何基础的自己，不经意间竟然揣摩了大半辈子的织绣品。从民间荷包到皇帝龙袍，从纹样变化到年代特征，从为养家糊口到体会文化内涵，从纯粹为赚钱而喜欢，到后来甚至有了责任感和使命感，一切都是在不经意间，走过了几十年的历程。回想起来这种不经意是必然的，人在极度贫困的环境下，根本不可能规划自己的生活。

很多人都说要干自己喜欢的工作，笔者觉得对于大多数人并非如此、笔者更甚。年轻时和伙伴们比拼锄、镰、镐、锨技能的时候，如果让笔者选择一百份自己喜欢干的工作，其中肯定不会和织绣沾边。转眼几十年过去了，自己和夫人竟然喜欢并潜心琢磨了几十年的织绣品。也正是这种揣摩和喜欢，致使笔者的收藏品越来越完善，同时欲望也在逐步增加，从想收藏的那天起，便有了日益加重的使命感。

这种感觉来源于时代变革。20 世纪 80 年代中国的改革开放，那时自己还较年轻。东北的枕顶，山西、陕西的马面裙，河南、安徽的帔肩，青藏、内蒙古的龙袍，国外的大小拍卖会和古玩店铺，范围之广，数量之多难以想象。笔者也从未间断过寻访。

长期的喜爱和"贪婪"，不经意间给笔者造就了一个得天独厚的收藏环境。正是因为这种常人很难具备的环境，更觉得自己有义务和责任，把多年的理解和体会记录下来，相信会对织绣文化传承有所帮助。所以，写本书的愿望可谓"蓄谋已久"。

从 20 世纪 90 年代初开始，只要是代表性的的织绣品，就尽量买回来作为标本，也赶上这一时段古玩行业蒸蒸日上，但对于国人为之骄傲的织绣品却少有人关注，检漏的事情几乎每天都有，种类和数量一天天增多，质量一天天提高。宫廷服装、汉人服装、各种饰品以及特点分明的地方织绣，无不具有丰富的文化内涵和地方、时代特色。

在整日身处织绣品的"汪洋大海"的环境下，不经意中形成了收藏的理念。大量的传世实物、多年的经历和体会使得写书的条件已经基本成熟，到2001年开始着手整理图片，同时也开始了更具有挑战性的写书工作。外部条件具备了，但小学都没有念完的笔者，根本不知道如何组织语言文字，甚至每一句话都会有不会写的字。折腾了几个月后，实在没有办法写出来，便又改为学电脑，学汉语拼音（小时候为挖野菜，汉语拼音没学），经过艰苦顽强的努力，加之永不放弃的信念，到2012年出版了笔者的《明清绣品》一书。此书首次把宫廷女装和汉式女装给予了明确划分，如区分开了宫廷氅衣和汉式氅衣，宫廷龙袍和汉式龙袍；提出了把香包分为男香包和女香包等全新概念；把云纹分解为云身、云头、云尾，用于解释年代的演变之一。

2013年完成并出版了《明清织物》一书，把绫、罗、绸、缎，妆花、提花、织锦、缂丝等工艺做了较详细、较系统的分析。

2015年《明清绣品》再版。

在出版社友人的建议下，2016年出版《中国传世名绣品实录研究》。该书以实物为根据，分析论述了四大名绣以及京绣、鲁绣、潮州绣的特点。

大约2014年，基本完成了本书的初稿。

笔者深知这些书虽没有华丽的词句，但相信还是能够给读者一些知识。因为多年的收藏经历使笔者了解织绣爱好者想知道些什么，所以会尽量把笔者的认知介绍给读者，笔者认为，如果总是人云亦云，很难发展进步。

在写作过程中，笔者和夫人是把不同种类、不同风格的织绣品分别堆放，使得所有房间都均匀的摆满一堆堆织绣品，有时连续数日、甚至数月外人都不能入内。笔者整日拿着放大镜分析、比对、揣摩，有时一个理念要经历多日分析，甚至多日的争论而得来。在这种研究环境中总结出一些全新的知识，甚至概念。感觉至少清代织绣的品种、年代划分都差不多了，演变、发展的脉络也基本清晰。

作为织绣品的爱好者、收藏者，每当以业内自称时，总感觉愧疚。千百年来让国人为之骄傲的织绣产业，当查阅相关知识的时候，实际上就连最基本的理念都无法清晰地解释；现代和古代名词、应用场合、薄厚、纹理等，各种概念混淆。很多观念都需有一个统一的名称、统一的观念，过去相同的纹样和款式名称却不同，各种形状的龙纹、云纹叫法不统一，龙袍、吉服之间无法区别等。

刺绣行业更是如此，数不尽的名人、名地绣，数不尽的靓丽头衔。实际上个立山头，百家争鸣，人云亦云，这种现象导致整个织绣行业混乱复杂。所以再次呼吁，专业上的互相交流，名称、概念上的统一认知急待解决。

对于让国人为之骄傲的丝绸服装，先人给我们创造了不朽的荣耀，笔者真的不能拿古人说事，躺在先人的功劳簿上吹嘘了。

为了织绣工艺的发展，再次引用《明清绣品》的一段话，笔者总觉得刺绣工艺就像野花，土生土长却千年不衰，有极强的生命力，非常美丽却疏于管理，缺乏应有的交流和统一的管理，处于一种百花争艳，自以为是的状态，各种形式的展览多如牛毛，实质性的研讨、交流很少。

体会度日的感受，人生如此漫长，但是当年过花甲，回首度过的日月，却是匆匆的一瞬。与此同时，对于收藏也失去了原有的热情，几十年的狂热开始逐渐降温，但看着自己多年的收藏成果、种类、数量、价值，都是当初难以预料的，不免沾沾自喜。只要有时间，几乎每天有事没事都会到库房里转悠数次，看看这件，摸摸那件，喜爱之情溢于言表。

目 录

第一章

概论

本书所介绍的清代服装是指所有朝廷命官的制服，为了便于区别国家管理人员的阶级地位，本书把清代每个官职地位所需穿用的服装做了较详细的解释，并用大量传世的相关图片作为佐证，以便使读者有一个直观的认知。

历史上很早就有给各级管理机构的人员定制服装的法规，也曾经历了一个逐渐成熟的过程，通过多年的发展和完善，至清代已发展的非常成熟，级别的划分更明确细化，同时也较为复杂。

尽管清王朝早在顺治九年（1652年）、康熙九年（1670年）就曾经多次对各等级服装的形制、纹样等做出过相关规定，比如龙袍和蟒袍的冠名，龙纹四爪、五爪的划分等。但根据传世实物以及《大清会典》等史料分析，清代宫廷服装应该在乾隆中期才最后完善、定型（如皇帝列十二章纹等）。也就是说，在清代执政的265年里，其中早期一百余年的时段里相关服装形制法规并不十分稳定和完善，乾隆以前不合乎章法的现象也很多。

年代越早，传世宫廷服装数量及史料记载就越会加倍少，加上朝廷规章的变化，业内的认知、社会环境也会随着岁月的流逝而有所变化。由于上述因素，现在大多数人印象中的清代宫廷服装，往往是乾隆以后的款式和纹样。所以在解释和分析清代服装时，注意不能拿早期的实物用晚期的规章解释，任何定论都需要和时代的变化结合起来更为客观。

据清末民初徐珂《清稗类钞》记载：同、光间首推京绣，有五彩、平金、拉索、打籽之别尤精一切花卉、山水、禽兽、鱼虫等栩栩如生，呼之欲出，西人亦极赞之拉索，打籽各绣法，以重叠法铺绣之其花卉之枝叶，皆有生气，至宣统朝而湘绣盛称于时，书画皆有则驾苏绣，京绣之上盖预延名人作画而后始加绣也。

2004年紫禁城出版社出版的《清代宫廷服饰》一书中记载：据中国第一历史档案馆藏"内务府"档案资料记载：清入关后，于顺治十年在明代二十四衙门内染织局的基础上，沿用明代机构风格，隶属十三衙门，康熙初年，废十三衙门该归内务府。据《日下旧闻考》记载，染织局最早建于地安门内嵩祝寺后，乾隆十六年奉旨移到万寿山之西与稻田相毗邻，并立石"耕织图"。染织局在康熙三年改为内务府，设专管大臣皇帝亲自任免，外郎一人，司库一人，库使八人，拥有蚕户十三户，匠役八百多人，机张三十二部。后逐步衰落，到道光二十三年（1843年）裁撤。直到"辛酉政变"慈禧掌控军政大权以后，为满足宫廷服饰的需求又在京师建立了小制造，即"绮华馆"。关于绮华馆的建造时间、地点及规模，《三制造缴回档》均有记载，光绪十六年八月初五，筹建绮华馆的奏折中说：绮华馆拥有织纱、织纺丝、绉绸、春绸、绸缎、漳绒等各匠十九人，蚕户八户，机张十台。清代晚期受绮华馆的影响，出现了很多宫廷女眷穿用的氅衣、衬衣等服装绣品，笔者认为，这应该是京绣的初始。

一、职官结构

在探讨清代宫廷服饰之前，有必要对清代的官职结构有所了解。通过对相关资料的研究分析、以及向皇族等相关人员询问。清代上层社会的官阶、职位、称谓从名称上有三种体系，每个体系之间没有必然的关系。

（一）皇室宗族

第一种体系是皇室宗族，其中包括皇帝、皇太子。其直接参与、制定和管理朝廷的法律、法规。特别是皇帝，有绝对制定和否决的权力。

另外还有皇帝的亲属，如皇子、皇兄、叔侄、公主、皇后、妃、嫔等。不言而喻，这些人有极大的势力。但如果没有其他职位，单就称谓来讲并没有任何权力范围，理论上也不能参加政治活动，但是有数量很可观的工资收入（俸禄）。这其中，也包括八旗的成员和他们的后代，不同程度地享有相应的俸禄。

（二）王公

第二种体系是王、公、侯、伯等，这本来应该是一种荣誉职称。理论上封王的人应该都对朝廷有特殊贡献，多数是国家功臣、是朝廷给予的封赏。这种封赏不单单是名誉和地位上的，往往同时还给予相当的产业，如土地、房屋和很高的工资。如果去京城以外居住，也给予明确的势力范围。

但是清代基本上还是世袭制，顺治六年规定：亲王的一个儿子封亲王，其余的儿子封郡王，郡王的一个儿子封郡王，其余的儿子封贝勒，贝勒之子封贝子，贝子的儿子封镇国公，镇国公之子封辅国公，辅国公的儿子封受三等镇国将军，其后又有所修改。每个级别都还要分几个分支机构和相应的称呼。由于这种带有世袭成分的制度，实际上的政治体系在清代没过多长时间就成为了皇家的专利，到中晚期，王、侯几乎全部和皇帝有血缘关系，所以说起王爷，很容易理解为皇帝的亲属。

王、公等有参政、议政的权力，也有相应的官职品级，但如果不兼职，在朝廷的行政中也没有具体的决定权和否决权。

（三）品官

第三种体系是一至九品的官员。这些官员的来源主要是通过国家的科考来选取、一旦取得功名，再通过努力逐步升迁。这种升迁不单是皇帝封赏，地方官员也可以提拔自己权利范围以内的人。这些人是国家政策的执行者和维护者，具体地负责某个范围，在自己的范围以内有决定权和否决权。

在当时的社会中，以上的三种权力体系是互相交叉的，往往第一种、第二种和第三种都是兼任的，也就是既有荣誉称号，也负责某项具体工作。

二、官服来源

清代官服的来源有两种形式。

第一种是皇室宗族及清宫内穿用的服装（这也是真正意义上的宫廷服装）。

第二种应是"国家行政人员"穿用的制服。这种服装与第一种规章相同，但来源不一定相同。

在解释清代服装制度与实际执行过程时，有必要分析官服的来源，因为官服的来源是造成混乱的主要因素之一。当笔者认真研究清代宫廷服装时，很快就发现很多实物和规章有差别，如乾隆以后四爪蟒袍非常少见，八蟒、五蟒龙袍更是凤毛麟角。在工艺上，无论是哪种工艺，粗细差距都非常大，而且年代越晚，这种现象就更为突出。究其原因，应该和当时官服的来源有直接关系。

因为没能找到相关的历史资料，只能经过当时的社会现象上寻找答案，如明代贪官严嵩的抄家记录，一些传世实物中的店铺标签、印章以及一些清代的历史小说等，种种现象都表明，清代官员的制服来源有两种。

（一）皇室

第一种是皇室宗族，包括宫廷里皇帝、皇子、皇后、皇太后、妃、嫔等，这些人的服装是由国家供给的，是由造办处提供，朝廷派官员到织绣产地监督产品的质量和数量，所以从画稿到绣工都代表了当时的最高水平。比如：皇帝穿的朝袍、龙袍、衮服等，皇后、太后、贵妃、妃等穿的朝袍、朝褂、龙袍、龙褂、氅衣等。近些年故宫出版的有关织绣的书里，有一些记录收回日期的黄条，这说明宫廷里有领取和收回制度。

（二）地方员官

第二种是市场所为。皇室以外的所有文武百官，他们的"工作服装"需要自己解决。方法有两种，一种是找厂家定做，另一种是到市场上购买。相对于皇室，这些各级别的文武官员是较为庞大的队伍，这些有钱有势的官员可以按照朝廷的规章，在工艺上任选定做或购买自己的"工作服装"。

正常情况下，供应市场的商品要充分考虑成本，商品根据市场需要而生产销售，这种市场环境造就了产品的多样化，各种价格，各种档次的官用织绣服装，只要能卖的出去、有利可图，就有人生产和销售。这也完全符合市场经济的规律。事实上，晚清龙袍的数量相对多，在一定程度上应该是市场经济而导致。

因为是市场行为，任何人都可以任意定做、购买任何样式的官服、蟒袍等法定的服饰。对使用者本身也很难系统的管理，这种种现象也就导致官服的制作和应用不够规范，相关的称呼也比较模糊的原因之一。

三、服制规章

（一）综述

清代官员的服制是一个逐步完善、变化的过程，不同时段朝廷也不断出台相关法规：

顺治九年（1652年）定《服色肩与永例》。

康熙九年（1670年）定民公以下禁穿五爪龙。

雍正十年（1732年）校刊《大清会典》。

乾隆五年（1740年）修选《大清律例》，乾隆二十六年（1761年）修选校对完成。

乾隆三十一年（1766年）出版《皇朝礼器图式》。

后于嘉庆、道光年间选修完成《大清会典》、《事例》、《皇朝礼器图式》和《大清通例》，光绪年又有增补。

作为国家的服制：清代法定的服装力求能够较全面的反映出穿戴者的官职和地位，主要是从服装的色彩、纹样、款式上体现出来，所以要搞清楚什么纹样、款式的服装是什么级别的人穿用是一件很复杂的事情。

划分的方式有四种：色彩、纹样、款式、材质。

色彩

皇家可以穿戴不同的黄色，其他的人不能穿用（但赏赐、寺庙及汉族女人除外）。

纹样

皇室及封号的官员：使用正龙、行龙、团龙（或蟒）以及数量的变化，体现品级的不同。

品官：用补服体现官职的大小，武官补服用不同的兽纹，文官补服用不同的禽鸟，帽顶用不同材质、不同色彩和纹样以识别官职地位。

款式

款式主要分袍和褂，袍为大襟、瘦袖、身长至脚面。褂为对襟、圆领、平直袖，身长过膝，多数正式场合裣套在袍的外面。棉、夹、纱、裘以及款式的变化主要用来体现应用场合和季节变化。

（二）细则

1.王公

皇帝龙袍，明黄色，领、袖石青色，金龙九，十二章，五色云，九龙五爪。衮服石青色两肩左日右月，四团正龙。

皇太子龙袍，杏黄色，领、袖石青色，金龙九，龙褂石青色，四团正龙。

皇子、亲王、世子蟒袍不得用金黄，余随所用，赐金黄可用之。补服石青色，前后正龙，两肩行龙。

郡王蟒袍不得用黄，余随所用，补服蓝及石青，四团行龙。

贝勒蟒袍不得用金黄，余随所用，九蟒皆四爪，下至辅国公和硕、额、驸皆同，补服石青色，前后正龙两团。

贝子、固伦、额驸蟒袍不得用金黄，余随所用，九蟒皆四爪，补服石青色，前后两团行龙。

民公蟒袍不得用黄，余随所用，绣九蟒四爪，赐五爪蟒用之。侯以下，文武三品郡、君、额、驸，奉国将军以上，补服石青色，前后方龙补。

以下品官蟒袍不得用黄，余随所用，绣九、五龙、蟒四爪，赐五爪蟒用之。

2.品官

品官的制服主要有袍和褂，还有顶戴、花翎、朝珠等能代表品级的配饰。把各品级正式场合穿用服装、补服排表如下（括号里面的是武官纹样）：

一品 顶戴：珊瑚；蟒袍：九蟒五爪；补服：仙鹤（麒麟）。

二品 顶戴：起花珊瑚；蟒袍：九蟒五爪；补服：锦鸡（狮子）。

三品 顶戴：蓝宝石及蓝色明玻璃；蟒袍：九蟒四爪；补服：孔雀（豹子）。奉国将军、郡君、额驸，一等侍卫皆同。

四品 顶戴：青金石及蓝色涅玻璃；蟒袍：八蟒四爪；补服：云雁（虎）。奉恩将军、县君、额驸，二等侍卫皆同。

五品 顶戴：水晶及白色明玻璃；蟒袍：八蟒四爪；补服：白鹇（熊）。乡君额驸、三等侍卫皆同。

六品 顶戴：砗磲及白色涅玻璃；蟒袍：八蟒四爪；补服：鸬鹚（彪）。

七品 顶戴：素金顶；蟒袍：五蟒四爪；补服：鸂鶒（犀牛）。

八品 顶戴：起花金顶；蟒袍：五蟒四爪；补服：鹌鹑（犀牛）。

九品 顶戴：镂花金顶；蟒袍：五蟒四爪；补服：练雀（海马）。

未入流 顶戴：镂花金顶；蟒袍：五蟒四爪；补服：獬豸（御史、按察史、提法史等衣饰图案为獬豸）。

清代以督抚（总督和巡抚的合称）为地方军政最高长官，总督管辖一省或二三省，巡抚是省级地方长官。

四、官服名称综述

根据多年的研究和理解，清代法定服装的名称分两个部分。第一种是指某种服装的款式，如龙袍、朝袍、氅衣等（这种名称只适用于一种款式），所以，当解释某一款服装时，应该用第一种名称。

第二种是带有祝福的名称，如礼服、吉服、常服等，这种名称概念上比较宽泛，含有场合、环境，或者祝福、恭维的成分。人云亦云，往往适合多种款式，比如祭拜天地宗祖穿礼服，国庆、大婚等吉祥的场合也穿礼服（实际上需要穿的衣服是有区别的）。

一个款式的名称，应该只指一款服装，只要说出名称，别人就知道你指的是什么款式的服装，如西装、夹克等，不能用衣服、服装等笼统称呼。如形容某个人穿的什么衣服，一定要说他穿的是西装、夹克等，不能说他今天穿的服装。

同样，应用场合的变化也不能形容某一款宫廷服装，如有人把龙袍叫吉服袍，应该也不确切，因为吉服的名称相对宽泛，不能具体确定为是那一款服装。清代典章里只有皇子夫人以下的外褂叫吉服褂，根据官职级别的变化，分几团正龙、行龙，镇国公夫人一下为花卉纹。另外有吉服冠的名称，指某种场合应佩戴的帽子，而往往一种帽子可以适应几款服装。所以，以款式命名还是以场合命名都无可厚非，但决对不能混淆。

1.服装款式的名称

法定男装的名称有朝袍、龙袍、蟒袍、龙褂、官服（补服）等。

法定女装的名称有朝袍、朝褂、龙袍、龙褂、吉服褂（八团花卉褂）、氅衣、衬衣等。

2.穿用场合的名称

礼服、吉服、常服、行服等。

男人有朝袍、衮服、龙褂，补服。

女人穿的朝褂、朝袍、龙褂等，这一类属于礼服范围。穿用场合是国庆大典、大婚、生日寿辰、祭祀天地、宗祖等节日。

龙、蟒、八团龙、八团花卉袍等属于吉服范畴。氅衣、衬衣属于常服，两种名称都是指穿用场合。这些服装除了皇家专用的黄色和禁用的五爪龙以外，吉服应该有礼节性场合的要求。常服应属非正式场合穿用的服装，不受法律约束，日常起居时可以任意穿用。

需要注意的是，两种概念往往容易混淆，如经常看见在解释某一款服装时冠名吉服，从认真的态度上不够严谨。

更为准确的解释应该是在解读某种场合、环境时，名称上可以称呼为礼服、吉服、常服等（同一种场合包含若干款服装）。

在单独解释某款服装时，名称上应该称呼为朝袍、朝褂、龙袍、龙褂等（一个名称只代表一款服装）。

五、主要纹样解析

无论是皇帝穿的龙袍，命官穿的官服，还是后妃、宫女穿的氅衣、衬衣、以及鞋帽、荷包、扇套等日常用品，大多都有相当华丽的织绣工艺。

本书主要把法定的各品级官员服装的款式、纹样做一介绍，对了解皇祖宗室及各级官员的服装色彩、款式、纹样会有一定帮助。

龙纹整体的变化是一个由大到小的过程，早期的龙纹在龙袍上所占比例较大，以后呈逐渐减小的趋势。龙袍下摆的行龙有明显的变化，主要由爬行，到飞行，再到坐姿。爬行的龙纹应来源于朝袍栏杆的构思，可能由于排列不够协调，流行时间很短。一般飞龙纹样的年代较早，后来也始终有龙头在上龙尾在下的纹样应用，只是比例很小，而且越来越没有飞行的感觉了。坐姿龙纹的应用相对普遍，流行时间也长。

云纹的变化整体是由肥胖、生硬，到纤细流畅，再到整齐、呆板的过程。早期的云纹是大云头、短云身、多云尾，整体肥大稀疏，云纹的形状大小和排列比较随意。除了少数夹杂寿字、八宝纹外，基本没有其他纹样。大约乾隆时期云纹的云头见小，云身和云尾加长，整体结构生动流畅。以后的云尾逐渐消失，云头越来越排列整齐密集，显得呆板没有活力。并且多数云纹中加有各种蝙蝠、花卉、暗八仙等吉祥纹样。

早期龙袍下摆的立水很短或者没有立水，只有平水。一般雍正以前的立水高度在 10～15 厘米，多数平水高于立水，之后立水逐渐增高，到清光绪时期有的立水高于 50 厘米，年代越晚立水越高，而平水则随之缩短。

（一）龙纹

1. 年代演变

由于龙纹每个部位的年代变化并不绝对统一，加上变化的过程是一个逐步演变的过程。解释龙纹变化的具体时段仅仅是近似值，并不是绝对的年代。但在织绣工艺上，龙纹变化的顺序是没有疑问的。为了便于从时段上区分，笔者把明清时期的龙纹分成三个阶段。

第一阶段，须发上卷不分叉时期（图1-1）。

第二阶段，须发上卷分叉、眉毛向上期（图1-2）。

第三阶段，须发不上卷，眉毛向下期（图1-3）。

（a）明代案例之一　　　　　　　　　　　（b）明代案例之二

图1-1 须发上卷不分叉时期 （明代）

（a）清早期案例之一　　　　　　　　　　（b）清早期案例之二

图1-2 须发上卷分叉、眉毛向上期（清早期）

（a）清晚期案例之一　　　　　　　　　　（b）清晚期案例之二

图1-3 须发不上卷，眉毛向下期（清晚期）

除须发以外龙纹的每个部位在不同时期都有变化。通过再三比对，以龙头部分的须发、眉毛和龙身肚皮的变化来区分最为明显，同时也比较合理和简单。

历史上对龙纹的称呼很多，比如：升龙、降龙、坐龙等，但实际上在实物中，基本只有龙头的部分正视前方的正龙和龙头伸向侧面的行龙两种。但龙的身体部分却千变万化，很难以身体的变化决定称呼。根据历史资料的习惯称呼和实物样本，笔者认为还是以龙头为准更简单明白。

2. 正龙纹

不管身躯怎样变化，只要两眼对称，鼻、口在中间，正视前方的统称正龙（图1-4）。从视觉效果的角度看，正龙确实显得呆板，相比较没有行龙的线条流畅。为了更直观的了解各种龙纹，现介绍几种常见的龙纹图案。

（1）坐姿正面龙

坐姿正面龙是最常见的，也是清代使用较多的，龙袍的前胸后背、马蹄袖、早期的桌裙椅披等多处都用这种龙纹（图1-4a）。

（2）爬行正面龙

一般使用披领上的正面龙，在其他织绣品里很少见，这也说明龙纹的身体部分在一些特定地方是按绣品的需要而设定的，没有固定的模式（图1-4b）。

（3）尾向上正面龙

有人把龙尾在上、龙头在下的龙称之为降龙，这种形状的龙纹多出现在清中早期汉族命妇穿的霞帔、条裙上，一些宗教用品上也有使用（图1-4c）。

3. 行龙纹

不管身体和尾巴怎样变化，眼睛、鼻子和嘴都朝一侧的叫行龙（图1-5）。

（1）坐姿行龙纹

这是应用较多的行龙纹，龙袍的下摆、宫廷的织绣品大多数都用坐姿行龙纹，是清代最常见的行龙纹（图1-5a）。

（2）爬行式行龙纹

明清朝服裙子下摆的栏杆、腰帷常用这种行龙。因为一件朝袍需要多条这种行龙，所以传世较多，年代多数是明末清初时期（图1-5b）。

（3）尾向上行龙纹

这种行龙在部分宗教用品及皇家用品等上都有应用；清代汉人命妇穿的霞披正面的两条龙也常用这种纹样（图1-5c）。

| (a) 坐姿正面龙纹 | (b) 爬行正面龙纹 | (c) 尾向上头向下正面龙纹 |

图 1-4 正龙纹

| (a) 坐式行龙纹 | (b) 爬行式行龙纹 | (c) 尾向上行龙纹 |

图 1-5 行龙纹

4. 团龙纹

团龙的概念比较混淆，实际上所谓团龙指的是图案的轮廓。在通常情况下，用其他图案围绕着龙纹形成一个圆形，叫团龙（图 1-6）。作为主要用于清代宫廷服装的图案，多数称几团正龙、几团行龙，即说明了是什么形状的龙纹，也说明了外部轮廓。而且这种圆形图案在区分阶级、场合等很多方面都是不可替代的，所以团龙也必须有单独的名称。

还有夔龙，所谓夔龙就是一种相形的龙纹。基本形状来源于早期的草龙、拐子龙，因为清代宫廷服装的夔龙纹一般只用在女装上，而且几乎全部是团龙的形式，所以这里把夔龙归纳在团龙之列。而团龙纹的称呼第一是纹样呈圆形，有固定的模式，再者也是清代以来的习惯称呼。如果把龙纹整体归纳为正龙、行龙、团龙这三种称呼，对于龙纹的研究会有很大的便利。

团龙纹是皇帝的衮服、龙褂等服装用的纹样，功能和补子相同，档次最高是正龙，其次是行龙、夔龙和花卉之分。团的数量、团中间的纹样在一定程度上能直接说明品级高低。

清晚期的夔龙与一般龙纹相仿，只是龙身的背鳍等纹样有所变化，多数没有须发、两爪、秃尾。夔龙只用于女装，男士服装不用。

清代团花纹样的级别高低依次是正龙、行龙、夔龙、花卉，男女褂都是石青色，所用的纹样和品级是相应的。总的讲用于男性从高到低依次变化是，四团龙、两团龙和方形龙补。镇国公以下级别穿用鸟、兽纹方补。

女性龙褂依次变化是八团龙、四团龙、两团龙、花卉。镇国公夫人以上用不同形状和数量的龙纹。镇国公夫人和以下品级穿八团花卉纹，颜色都是石青色。

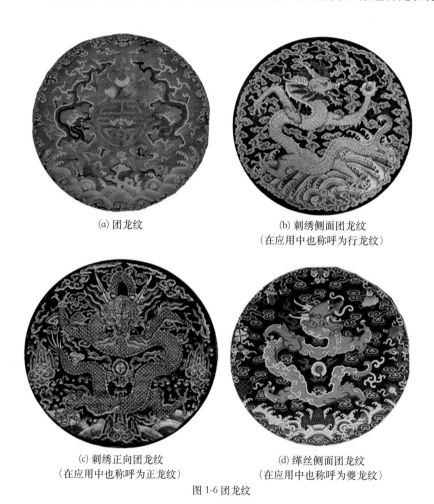

(a) 团龙纹

(b) 刺绣侧面团龙纹
（在应用中也称呼为行龙纹）

(c) 刺绣正向团龙纹
（在应用中也称呼为正龙纹）

(d) 缂丝侧面团龙纹
（在应用中也称呼为夔龙纹）

图 1-6 团龙纹

（二）云纹

云纹的变化整体是由肥胖、生硬，到纤细流畅，再到整齐、密集、呆板的过程。早期的云纹是大云头、短云身、多云尾，整体肥大稀疏，云纹的形状大小和排列比较随意。除了少数夹杂寿字、八宝纹外，基本没有其他纹样。

大约到乾隆时期，云纹的云头见小、云身加长、云尾渐少，只剩下少量的一个云尾（单云尾），根据龙纹所剩的空白，云头和云尾的数量、延续方向都无限度组合，感觉整体结构生动流畅。

乾隆以后的云尾逐渐消失，云头、云身越来越排列整齐密集，显得呆板没有动感，并且多数云纹中加有蝙蝠、花卉、暗八仙等吉祥纹样。

笔者注意到，在云龙纹配合使用的过程中，无论云朵大小、纹样怎样变化，云纹始终是填补空白的配角，其根据其他图案所留空白按需要用各种形状的云纹做衬托。

由于上述原因，加上几百年的发展变化，云纹形状的变化多样。但是基本上是由螺旋状的云头、每个云头之间相连接的云身、以尖状结束的云尾组成。

通过对各个年代的云纹认真排序比对，笔者把明清时期的云纹分成有尾期和无尾期。有尾期分多尾、单尾两个阶段，无尾期分彩云头和单色云头两个阶段。因为大多数云纹是多种纹样混合使用的，这里尽量根据年代的顺序排列。

云纹作为龙袍中的主要纹样之一，所费的工时一般要多于其他纹样。除龙纹外，其他纹样都可有可无，而且如寿字、八宝、蝙蝠、暗八仙以及各种吉祥花卉等都因时代不同、穿用场合不同而采用不同的图案。除少数特例外，云纹始终陪衬着龙纹同时存在。说云纹是陪衬是很恰如其分的，其他纹样虽然也有变化，但一般都有自己的定式、有自己的完整的图样，而云纹大小、多少、长短以及颜色的变化纯粹为补充其他纹样留下的空白。

龙袍云纹的年代变化大体是从 17 世纪中叶多尾的四合云到壬字云，从 18 世纪初期到 19 世纪的单尾云到无尾云。云朵的线条由肥短到细长再到肥短，种类和数量也由少到多。到清晚期，蝙蝠、八宝、八仙等各种吉祥图案尽情添加，整体图案越来越密集，龙袍的身长和宽度都在增加尺寸，而龙纹却在缩小。

为了便于研究云纹的变化过程，笔者把云纹主要分成三个部分，并且给这三个部分起个名称，即中心为螺旋状的叫云头，云头与云头的链接部分叫云身，云身在结束时形成尖状的叫云尾。把所有的云纹都分解成云头、云身、云尾，这样会对于云纹的变化过程以及时代特征有更明确的解释（图 1-7）。

(a) 云头：螺旋状的部分叫云头　　(b) 云身：把每个云头之间相连接的部分叫云身　　(c) 云尾：以尖状结束的部分叫云尾

图 1-7 云纹

研究中分析判断某一历史时期最好的办法就是找出某一时期具备而其他时期没有的特征。为了更好的研究龙袍上云纹的变化过程，首先把云纹分成三个阶段，即多尾期、单尾期、无尾期。当然，作为主要为填补图案空白使用的云纹，不管属于哪个时期，其云朵的大小、形状等都具有很大的灵活性，会根据空白的需要而有各种不同的变化。

（1）清代早期云纹：17世纪初到18世纪初，约顺治、康熙时期，云头较大，云头的组合不拘一格，可以是一个，也可以是多个云头不同方位的组合，一般不要求对称性。云身短，云尾较多，多数一个云朵都有几个云尾（图1-8a）。

（2）单尾云纹：这种云纹从明代就和多尾云纹混合使应用，大约到雍正时期，多尾云纹逐渐消失，无尾云纹随之增多，但是单尾云纹仍然继续使用，大约到乾隆末，单尾云纹逐渐消失（图1-8b）。

（3）彩云头无尾云纹：彩云头多用于清咸丰以前，嘉庆道光时期多用半个云头为彩色的形式，道光以后彩云头习惯把整个云头设为彩色（图1-8c）。

（4）三蓝云纹：同治、光绪时期大多数的织绣品不用彩云头而用三蓝云纹（图1-8d）。

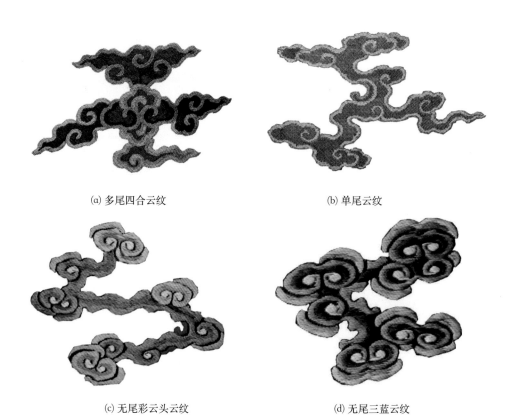

(a) 多尾四合云纹　　　　　　　　　　(b) 单尾云纹

(c) 无尾彩云头云纹　　　　　　　　　(d) 无尾三蓝云纹

图1-8 云纹

（三）江水海牙

清代很多织绣服装的下摆都有江水海牙图案，各种法定的宫廷服装对于下摆的江水海牙做了明确的规定。男女朝服、朝褂、龙褂，各个级别的男龙袍、女龙袍一式二式都有江水海牙。汉式女龙袍、霞披和一些女式织绣袍褂也有江水纹样。

1.平水

一般业内把波浪的部分叫平水，早期的平水翻卷幅度很大，平水层数较多，比例明显大于立水，有波涛汹涌的感觉。年代越晚，平水越短。乾隆以前多数在每层套针之间加一层捻金线，使得层次更为清晰，具有立体感（图1-9）。

(a) 清早期滚针绣平水纹

(b) 清中期（约嘉庆、道光）平水纹

(c) 清晚期平水纹

图1-9 平水纹

2. 立水

平水下面的条纹部分叫立水。早期立水相对较短而弯曲，有重叠感，不太规律。立水中每组色系乾隆以前是中间深、两边浅。大约乾隆以后改为由深到浅依次排列的绣法。一般年代越晚，立水越长，平水相比越小，翻卷的幅度也随之减小。到清光绪时期立水越来越高，而平水只是象征性的一两层，波涛翻卷的感觉基本消失。

3. 苏绣、蜀绣的立水行针不同

清代绣品的立水有两种风格完全不同的针法，一种是上下垂直排列的绣法，另一种是横向排列的绣法。一般横向排列的针法多数年代较早，而大部分竖针排列的立水年代相对较晚（图1-10、图1-11）。

笔者原来以为立水横针和竖针是因为年代的差别所致，后来才发现这种观点是不对的。通过实物的观察和比对发现所有蜀绣的立水都是采用横向的针法，包括年代较晚的蜀绣氅衣、裙子等立水同样也用横向的针法。把所有用横针绣立水的绣品放在一起，无论是用色还是针法，整体明显呈现蜀绣的风格特征。而其他多数地区的立水则是上下竖针，包括年代早的苏绣立水，和其他地区的绣品都采用上下垂直排列的针法。所以横针和竖针的不同和年代无关，而是产地不同的原因。这也说明清代早期的宫廷服装里，有一部分是蜀绣风格。嘉庆以后蜀绣风格的宫廷绣品就很少见了。

清早期苏绣工艺的立水是上下垂直行针，苏绣是采用上下竖针的绣法，具体针法就是无论绣品的图案是什么形状，色彩怎样变化，绣线始终是上下垂直的走向。这种行针的方法应用比较普遍，除了蜀绣是采用横向针法以外，其他地区立水都是用上下垂直的绣法。

蜀绣的宫廷服装，大部分年代是清代中早期，立水多数是横向排列的绣法，乾隆以后的宫廷服装就很少见到蜀绣的风格了。这种现象很容易使人们感觉立水不同的排列是年代早晚的原因，误认为清代早期的立水是横向的，而中晚期的立水是上下排列的。根据传世实物证明，实际上不管年代早晚，所有蜀绣的立水都是横向排列，比如年代较晚的蜀绣裙子、氅衣等。

4. 五彩、七彩、九彩

每组色系的变化分几层完成，业内就称为几彩，一般宫廷服装用五层、七层、九层的工艺。早期五彩较多，到中晚期很多宫廷服装绣七彩或者九彩。而一些晚期的民用绣品，多数只绣三彩，一些面积较小的图案甚至只绣两彩，如裙子的马面和一些小件配饰等。而且清晚期多数民用的绣品都采用三蓝绣的方法。

　　根据所绣物品的等级，立水的绣法分三层、五层、七层、九层。就是每个色系由浅到深分几排绣完。方法是先绣一、三、五排，二、四排先空着，把一、三、五排绣完，再添二、四排的空。依此类推，层数越多，工艺越精细，绣品的档次就越高（图1-12）。

(a) 清代早期蜀绣立水针线走向

(b) 清代晚期蜀绣立水针线走向

图 1-10 蜀绣立水纹 （横向针法）

(a) 清代中早期苏绣立水针线走向

(b) 清代晚期苏绣立水针线走向

图 1-11 苏绣立水纹图片 （上下竖针走向）

(a) 五层立水纹

(b) 七层立水纹

(c) 九层立水纹

图 1-12 立水纹

第二章

男朝袍

清朝作为最后一个帝制王朝，留给我们的实物是最多的，这也为后人研究和了解清代的服饰文化提供了充分的资源。一个统治国家两百多年的王朝，自然形成了一个较为完善的服装制度，在正式场合，从皇帝到从耕农官，清代都有服饰的相关法规，作为执政人员的主力军，男装更为细化，穿着人群和穿用机会成倍多于女装，传世量明显多，但款式、纹样、色彩的变化比女装相对简单。

　　朝袍的历史悠久，是宫廷朝会时穿用的礼服。历史上每个朝代都有这种礼服，但因为各朝代的信仰、风俗不同，衣服款式、色彩、穿用场合等有很大差别。多数情况下，清代朝服是穿在外面的，但根据一些历史图片，也有搭配官服穿用。但无论是穿用的人群还是场合，朝服都是当时最高层次的礼服，在重大节日，如国家盛典、皇帝婚庆等场合穿用。

　　据记载，制做一件朝服从画稿到刺绣，加上平金工和制作需要四百多个工时，宫廷朝服应用的织绣品的工艺，几乎包含了所有同一时代织绣品的最高工艺，针法也包含了同时代所有的针法。

一、分解

　　清代的朝袍为上衣下裳的裙式。根据史料，清早期曾有一段时间，朝袍基本延续了明代的款式和纹样，上衣采用过肩龙的构图方式，裙子的部分同样有行龙纹栏杆。从较多的传世和出土的实物看，清初期的朝袍相当一部分是用明代的坯料缝制而成。根据云纹、龙纹、色彩等的变化，大约到康熙中期，多数朝服的上衣改变为前后、两肩四条相对的正龙纹（图2-1）。

　　据《皇朝礼器图式》记载其形制为：窄袖，袖口为马蹄袖，以领口为中心，分上下左右龙头相对的四条正龙，使之做成上衣后形成前后两肩分别有一条正龙，再用山水纹把龙纹围绕起来，其余的空白处填上云纹、八宝、暗八仙等纹样。

　　清代初期上衣采用过肩龙的构图方式，下裳（裙子）的部分同样有云龙纹及平水栏杆。大约到康熙中期，上衣的部分改变为四个龙头相对的正龙，也就是业内所说的柿蒂龙纹。

　　下裳形状就是和上衣相连接的裙子，裙高二尺左右，分别织绣有六条、八条、四条不同形状的正龙或行龙纹，中间有云纹和江水海牙。这种款式、纹样也是清代朝服的基本款式。

　　上述纹样也是明代龙袍的基本特征，裙子上的栏杆、云龙纹、山水纹样没有大的变化。《北京文物精粹大系》一书中刊登的明万历"红织金龙云肩通袖龙襕妆花罗袍料"和图2-2所示此件朝服坯料近似。

　　柿梯过肩龙袍的纹样，年代多数都是17世纪中晚期，上身柿梯龙围绕的

图2-1 康熙朝服像 郎世宁绘
立轴绢本设色 北京故宫博物院藏

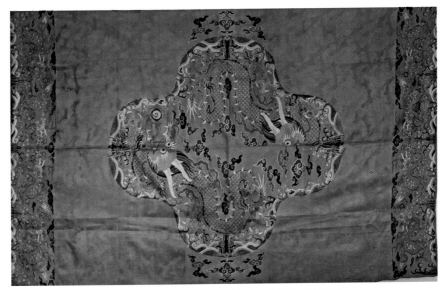

图 2-2 黄缎地提花加妆花过肩龙裙式袍料（清早期）
长 220 厘米，宽 136 厘米

领口、两端连接袖子的部分，下身前后由行龙、云以及山水纹组成的栏杆，是具有代表性的明末清初裙式龙袍的风格。但从传世的实物看，这种工艺精细、色彩规范的龙袍匹料，多数后来改成其他款式的长袍，或者是没有经过裁剪维持原来的匹料。真正按原有图案的轮廓所要求的款式做成朝袍的很少见到。这种现象应该和所处的年代有关。应该说明，这个时期也是中国织绣品高速发展的时代，无论是妆花、缂丝还是刺绣，很多工艺都处在历史上的顶峰。就连几百年以后的现在也无可比拟。在纺织产业高速发展，社会又不稳定的状态下，官用的产品产量多，而用量少，甚至有的产品虽然数量较多，却没有得到正式使用的现象也就不可避免，如"大龙纹的龙袍"。17 世纪的晚期正处在明末清初，是在政治上改朝换代很不稳定的时期，这种社会即便是有法规，真正能落实执行的也不多，而且往往变化也很快，这一点在宫廷服装上有明显的体现。

这些龙袍都是柿蒂过肩龙、宽袖、盘领或交领，下裳的栏杆等都是明代的款式。不排除一些晚期的明式龙袍是明代的面料，清代剪裁缝制成的，甚至可能面料是清早期沿用明制织造。但是对历史的划分多数是以时段为标准的，往往指的不是皇帝登基的那一天。

图 2-3 所示这件朝服的款式为圆领、大襟，和清代朝服很近似，但没有马蹄袖和腰间的小行龙，很可能是断代期的袍料在清代早期做成的朝服。

图 2-3 棕色提花加妆花柿蒂过肩龙纹朝袍（清早期）
身长 140 厘米，通袖长 200 厘米，下裳边周长 320 厘米

1. 上衣

清代朝袍上衣纹样以领口为中心，分上下左右龙头相对的四条正龙，再用山水纹把龙纹围绕起来，其余的空白处填上云纹、八宝、暗八仙等纹样。使之做成上衣后，形成前后两肩分别有一条正龙。这种款式的朝袍比过肩龙款式的年代较晚，以后的清王朝一直使用这种纹式（图 2-4、图 2-5）。

图 2-4 明黄妆花缎柿蒂龙纹朝服上衣面料

图 2-5 棕色妆花柿蒂龙纹朝服上衣

2. 腰间

皇帝朝服分三式，冬一式没有腰间的小行龙。

冬二式、夏朝服纹样、款式相同，上衣和裙子的连接处前后分别有两条 8～10 厘米宽的小行龙，加底襟处的一条共计五条小行龙（图 2-6）。腰围和下摆的龙纹之间有小团龙纹，皇帝有 9 条、皇太子有 7 条（图 2-7）。

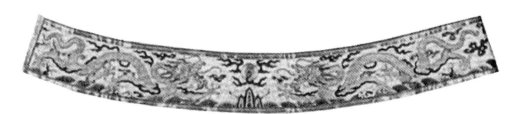

图 2-6 腰间的小行龙纹

图 2-7 腰间（襞积）的小团龙

3. 下摆

下裳形状就是和上衣相连接的裙，裙子高二尺左右，根据穿用者的级别，除了使用不同的颜色，前后一共分别织绣有六条、八条、四条正龙或行龙纹（底襟一条），衬托有云纹和江水海牙。皇帝、皇太子朝服下摆织绣六条龙纹，前后分别中间正龙、两边行龙。亲王、郡王、皇子朝服的下摆用八条行龙。冬一式朝裙下摆前后各织绣两条行龙纹，两龙头相对，龙尾分别伸向两边。

冬一式朝裙没有小团龙纹，下摆栏杆上前后各用两条行龙纹。因冬一式实物很少，图2-8只是从纹样上解析冬朝服一式朝裙的龙纹。

通常人们把朝服的下裳部分也叫朝裙，一般朝裙和上衣不能分开，缝制时是相连接的。也有个别的是能够分开的，需要时和上半部分一起穿用（图2-9~图2-11）。

图2-8 皇帝、皇太子的朝服下摆龙纹的排列方式（实物）

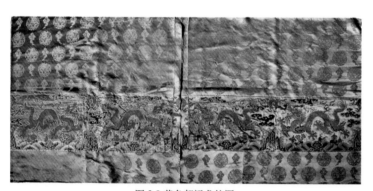

图2-9 黄色朝裙龙纹图

图2-10 朝裙二龙相对龙纹图

4. 十二章

《周礼·春官·司服》"王之吉服，祀昊天上帝，则服大裘而冕"。汉郑玄注："《书》曰：宗彝、藻、火、粉米、黼、黻希绣。此古天子冕服十二章。"孙诒让正义："日也，月也，星也，山也，龙也，华虫也，六者画以作绘，施於衣也，宗彝也，藻也，火也，粉米也，黼也，黻也，此六者絺以为绣，施之於裳也。"
清恽敬《十二章图说序》："古者十二章之制始於轩辕，著於有虞，垂於夏殷，详於有周，盖二千有馀年。"

清代皇帝服装上的十二章纹最早见于故宫出版的《清代宫廷服饰》第 55 页一件明黄绣龙袍，此龙袍上章纹还没有定型。章纹的位置和定型以后差距很大，黄条上有一个"世"字，疑为世宗皇帝，故定为雍正，章纹的数量只有七个（图 2-12）。

在断代上，定为雍正，笔者有些不同看法。此龙袍上龙纹脸型较瘦，眼睛小而鼓，也就是人们所形容的绿豆眼，前后三个品字形龙纹个体较为均衡，一般雍正时期前后正龙偏大，云朵也相对肥短、稀疏，此龙袍云头较小，较长的云身完全按照龙纹所剩空间无限制、无规律的延续，单云尾，这些都应该是乾隆时期的特点，特别是云纹的构图风格，乾隆以前及以后都不具备这种特点。

十二章纹的名称最早见于汉代。据史料记载，当时用来显示官职地位，皇帝用十二章，官职越低，应用的章纹相应减少，以后历代很少用，在使用时十二章的含意也有所不同。

清代十二章纹的史料见于乾隆三十一年出版的《皇朝礼器图式》，也就是说，清代皇帝章纹的应用早于乾隆三十一年，此书明确规定了皇帝用十二章纹样，以及在朝袍、龙袍上的具体位置。但根据传世实物，在细节上会因为流行年代、时尚等因素，章纹的纹样细节有所变化，色彩也随年代而变化，但整体构图和位置变化不大。

到清代晚期，偶尔也能见到列有四章的龙袍或八团龙吉服褂，"两肩左日右月，领口前面星辰，领后山石"这种现象笔者在《皇朝礼器图式》和《大清会典》等历史资料中均未找到，但是根据《三织造缴回档》记载：光绪十年，赏亲王用，绣杏黄缎四章金龙蟒袍面六件，绣石青缎四正龙褂面六件，绣杏黄江绸四章金龙蟒袍面六件，绣石青江绸四正龙褂面六件，杏黄缂丝四章金龙蟒袍面六件、石青缂丝四正龙褂面六件。

赏福晋用：绣杏黄缎四章金龙官样挖杭蟒袍面六件，石青缎八团金龙有水褂六件，绣杏黄江绸四章金龙官样蟒袍面六件，说明清代晚期的服装规章有所变动或懈怠。

十二章纹的位置，左肩为红色带神鸟的日纹、右肩是白色带神兔的月纹，颈前是星辰，领后是山，前胸右黻，前胸左黼，右前下摆藻，左前下摆宗彝，左后背为龙纹，右后背为神鸟华蟲纹，右后下摆粉米，左后下摆火（图 2-13~图 2-24）。

图 2-11 纳纱朝裙

图 2-12 明黄缎绣彩云金龙纹皮龙袍
身长142厘米，通袖长194厘米，下摆宽130厘米《清代宫廷服饰》

图 2-13 日（左肩）

图 2-14 月（右肩）

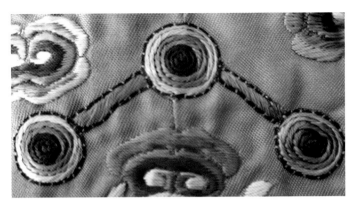

图 2-15 星辰（颈前）

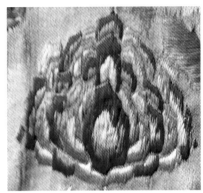

图 2-16 山（颈后）

图 2-17 黻（右胸前）

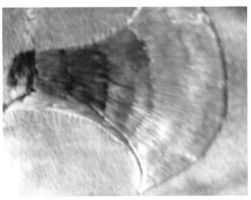

图 2-18 黼（前胸左）

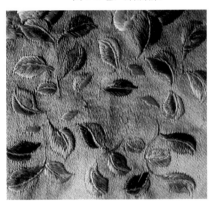

图 2-19 藻（右前下摆）

图 2-20 宗彝（左前下摆）

图 2-21 龙（左后背）

图 2-22 华蟲（右后背）

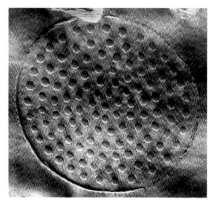

图 2-23 粉米（右后下摆）　　　　　图 2-24 火（左后下摆）

二、品级分类

　　清代朝袍不同级别所用的颜色和纹样也有区别，总体款式为上衣下裳的裙式，圆领、右衽、大襟、接袖和马蹄袖。皇帝朝袍分三种款式，分别是冬朝服一式、冬朝服二式和夏朝袍。冬朝袍一式腰间没有行龙纹，用紫貂毛皮镶边。冬朝袍二式和夏朝服款式纹样相同，棉、夹、纱、裘各惟其时。根据《皇朝礼器图式》，朝廷对法定服装做了详细的规定。皇帝、皇太子、皇子及以下各阶，朝袍色彩和龙纹的差别可总结如下：

　　（1）皇帝用明黄。朝裙栏杆前后中间各一条正龙，两侧行龙；栏杆以上有九个小团龙，列十二章纹。

　　（2）皇太子用杏黄。朝裙栏杆以上有七个小团龙，没有十二章纹，款式、纹样和皇帝相同。

　　（3）皇子用金黄。款式和皇太子相同，但栏杆用六条行龙，没有正龙，也没有小团龙。

　　以下各级别官员均为黄以外的颜色，没有小团龙。

　　从亲王到辅国公下摆前后为八条行龙，冬一式下摆前后各两条行龙。

　　武八、九品，文九品未入流云缎无蟒，领袖俱青倭缎，中有襞绩（积），冬夏皆用之。

　　在毛皮的使用上：冬朝袍一式的毛皮用紫貂；二式的镶边是片金加海龙皮（产自北极地区的海獭）。

（一）皇族

1.皇帝

（1）皇帝冬朝服一：十一月初至上元（农历正月十五，所以元宵节也叫上元节），皇帝冬朝服色用明黄，惟"南郊"（应该指故宫南边的天坛）祈教用蓝披领及裳，用紫貂，袖用熏貂（产自俄罗斯北方地区，经过处理的貂皮），两肩前后正龙各一，襞绩行龙六，列十二章。

（2）皇帝冬朝服二：九月十五日或二十五开始，朝服色用明黄色、朝日用红披领，袖石青片金加海龙边，两肩前后正龙各一，腰惟行龙五（应加上底襟一条），衽正龙一，襞绩前后团龙各九，裳正龙二，行龙四，披领行龙二，袖正龙各一，列十二章，日、月、星辰、山、龙、华蟲、黼、黻在上衣，宗彝、藻、火、粉米在下裳，间以五色云，下幅八宝平水。

（3）皇帝夏朝服，色用明黄、三月十五日或二十五日开始，惟雩祭用蓝、夕月用月白，领、袖石青片金边，款式和冬朝服二相同。

2. 皇太子

实际上这只是一项多余的法规，因为在清康熙时期，为了能够继承皇位，皇帝众多的皇子们互相争斗，排除异己，甚至不惜互相残杀，所以在康熙以后曾经免除了皇太子的册封，但根据乾隆三十一年制定的《皇朝礼器图式》的内容，还是对皇太子的法制服装做了详细的规定。

皇太子的朝袍用杏黄色，没有十二章纹，其他和皇帝朝袍相同。

朝服冬二式腰间有四条小行龙，下摆七个小团龙，镶边用片金加海龙皮，纹样和夏朝服相同。

3. 皇子

凡是皇帝的儿子都可称之为皇子，顺序上有长皇子、次皇子、三皇子等。作为未来国家主要领导人，清代对皇子有专业的管理团队，几岁训练哪项技能，平日生活等都有系统严格的规定。

皇子冬朝袍一用金黄色，朝裙栏杆上用六条行龙，没有正龙。

皇子冬朝袍二两肩前后正龙各一，腰围行龙四，裳行龙八，有接袖、马蹄袖，下幅八宝平水。

朝袍冬一式腰间没有行龙，下摆也没有小团龙，裙子的下摆是六条行龙，因为下摆部分要加皮毛，和朝袍冬二式以及夏朝袍相比，裙子部分的龙纹明显偏上。

笔者未曾见到过妆花工艺的十二章朝服和龙袍，到清晚期有少量妆花朝服，但和乾隆以前相比，多数工艺明显粗糙，构图也不够规范，上海科学技术出版社 2006 年出版的《清代宫廷服饰》第 17 页，书中解释黄条墨书为"圣祖"字样，是康熙晚期，没有十二章，腰间行龙的上面多出四个小团龙，从故宫出版的很多书籍图片里可以说明、乾隆以前，很多宫廷服装款式和纹样还不够规范。

皇帝朝袍冬二式和夏朝袍相同，上衣和裙子连接处，前后各增加了约 10 厘米宽、30 厘米长两条相对的小行龙纹，腰围和栏杆的龙纹之间多了九条小团龙。冬二式朝袍领、袖、下摆用片金加海龙皮边。而朝袍冬一式则是使用貂皮。这也是区别朝袍冬一式、二式的方法之一（图 2-25）。

图 2-25 明黄色皇帝冬朝袍二式（清早期）
身长 142 厘米，下摆宽 112 厘米，通袖长 195 厘米

识别皇帝、皇太子穿用的朝袍，除了下摆上的小团龙以外，栏杆上的行龙也有明显的差别。清代典章有明确的规定：皇帝、皇太子朝服前后分别为两侧行龙，中间一条正龙，不含底襟，前后一共有六条龙纹（四条行龙、两条正龙），其余文武百官只用行龙，没有正龙（图 2-26）。

朝袍用明黄绸地，龙纹用平金工艺，五彩云纹，绣有十二章，镶片金缘，是标准的清代中晚期皇帝夏朝服。十二章所处的位置、形状以及比例大小都准确无误，上衣十二章的位置和龙袍相同，下摆前后的四个章纹，在朝服裙子的行龙纹两侧（图 2-27）。

此朝袍裙子上有九条小团龙，下摆前后中间正龙，两侧行龙，按清代典章，是皇帝穿用的朝袍。皇帝、皇太子在祭拜先祖时穿石青色朝袍（图 2-28）。

(a) 正面

(b) 背面

(c) 朝裙局部图

图 2-26 明黄色妆花缎皇帝朝袍（清早期）

身长 142 厘米，通袖长 197 厘米

图 2-27 明黄缎地五彩绣皇帝夏朝袍（清中晚期）
身长 138 厘米，通袖长 196 厘米

(a) 正面

(b) 背面

(c) 朝袍下裳龙纹栏杆局部

图 2-28 石青色妆花缎皇帝朝袍（清早期）

身长 142 厘米，下摆宽 120 厘米，通袖长 196 厘米

　　朝裙上列有七条小团龙的为皇太子穿用。朝袍纹样复杂，是耗用工时较多的服装。根据清宫档案记载，制作一件戳纱绣朝袍，地子合用 2 尺 8 寸宽的纱面料 25 尺，2 尺 1 寸宽的石青直径纱共 6 尺，绣工用各色丝线 26 两 2 钱 4 分，金线 16 两 4 钱。用绣工 492 个、绣金线工 41 个，画样设计等约 16 工，合计 918 个工时，两年零五个月（图 2-29）。

(a) 正面

(b) 背面

图 2-29 明黄色妆花缎皇帝朝袍（清早期）

身长 142 厘米，下摆宽 112 厘米，通袖长 195 厘米

　　此朝袍用杏黄色，下裳绣小团龙七条，没有十二章，按着典章是清代中晚期皇太子穿的朝袍。因为这种款式纹样和色彩的结合只有皇太子穿用，所以传世很少（图 2-30）。

图 2-30 皇太子夏朝袍（清中晚期）
身长 138 厘米，通袖长 186 厘米

这是一件石青色皇太子穿用的夏朝袍，皇太子穿用的朝袍和皇帝的朝袍在色彩、纹样、款式上基本相同（皇帝朝袍饰十二章），唯一的差别就是下摆上前后分别少两条小团龙，皇帝是九条，皇太子是七条（图 2-31）。

(a) 朝服正面

(b) 朝服背面

(c) 朝服披领

图 2-31 石青色妆花缎皇太子夏朝袍（清早期）
身长 143 厘米，通袖长 191 厘米

　　清早期朝袍上衣部分较长，裙子相对较短。上衣前后两肩共四条正龙，腰围前后各有两条小行龙，栏杆前后各有四条行龙，金黄色，没有小团龙。按清代典章，金黄色应该是皇子穿的夏朝袍（图 2-32）。

　　从笔者多年对朝袍实物接触中判断，笔者现在能够接触到的清朝袍实物最少也有近百年。由于穿用、收藏的环境不同，多数清代服装面料的颜色已经和当初有一定差别。况且在当时也很难掌握同一色系的准确性，比如明黄、杏黄、金黄，因此，在分析当时什么人穿用时，更多的可以从不同的织绣纹样上得出结论。比如图 2-32 所示这件朝服，尽管从颜色上像明黄色，但裙子上没有小团龙，栏杆上前后分别是四条行龙，应确定为皇子朝服更为准确（图 2-33）。

(a) 黄色妆花缎朝袍正面

(b) 黄色妆花缎朝袍背面

图 2-32 黄色妆花缎朝袍（清早期）
身长 140 厘米，通袖长 194 厘米

图 2-33 黄色妆花缎冬二式朝袍（清早期）
身长 143 厘米，通袖长 190 厘米

　　清代朝袍和龙袍的云纹总体变化大概是，康熙到雍正时期是从多云尾的四合云向雍正时期的壬字形云转化，从壬字形到乾隆时期的单尾云，到乾隆晚期再演变到无尾流畅且延伸很长的云，嘉庆、道光时期彩色云头，咸丰时期变的云比较肥短且排列更加整齐，同治以后云头逐步减小，云纹的分布越来越整齐密集（图 2-34、图 2-35）。

　　清乾隆以前的朝袍，除了主体妆花工艺的云龙纹以外，大部分底料都带有提花工艺的云纹，使得本来就很复杂的妆花工艺锦上添花，在没有重纬的地方，还要用变换经纬关系的方法显示暗花图案，这充分体现了 17 世纪中国织造工艺的发达，同时也说明当时的官员不计工本、精益求精的态度（图 2-36）。

　　清代初期多数袍服还在延续明代风格，龙纹采用两条过肩龙，其中有相当一部分采用明代晚期面料，也有当时纺织的产品，但缝制的款式已经由宽大的刀形袖改变为马蹄袖。这种现象在瓷器等其他领域同样有所体现（即所谓断代期），维系了一段时间后，大约到康熙早期，朝袍上衣的龙纹由两条过肩行龙改为前后两肩四条正龙，也就是业内所说的柿蒂龙（图 2-37 ～图 2-39）。但下裳的栏杆上七品官员始终在应用过肩的行龙纹样。

图 2-34 黄色妆花缎朝袍（清早期）
身长 141 厘米，通袖长 187 厘米

图 2-35 黄色妆花缎朝袍（清早期）
身长 139 厘米，通袖长 189 厘米

图 2-36 黄色妆花缎朝袍（清早期）
身长 140 厘米，通袖长 192 厘米

图 2-37 黄色妆花缎朝袍（清早期）
身长 142 厘米，通袖长 193 厘米

(a) 正面

(b) 背面

图 2-38 黄色妆花缎过肩龙朝袍（清早期）

身长 139 厘米，通袖长 190 厘米

（二）亲王及以下

1. 亲王、郡王

朝袍款式、龙纹和皇子朝袍相同。除赏赐外不能穿用黄色（清代皇帝曾赏赐部分亲王、郡王等可用金黄，对于被赏赐者是一种极大的荣誉）。各式朝袍的穿用时间分别为：

（1）冬朝袍一：十一月初至上元。

冬朝袍一式：亲王冬朝服蓝及石青等，曾赐金黄者可以用，披领及用紫貂、袖端熏貂，皇子、世子、郡王皆同。

（2）冬朝袍二：九月十五日或二十五开始。

亲王冬朝袍二式：用片金加海龙皮镶边。皇子，世子、郡王皆同。

（3）夏朝袍：三月十五日或二十五日开始。

亲王夏朝袍：片金边，皇子、世子、郡王皆同。

2. 贝勒、贝子

除赏赐外，不能用黄色。冬朝袍一式、冬朝袍二式、夏朝袍款式、纹样和亲王相同，下至辅国公、和硕、额驸同。差别如下：

（1）冬朝袍一式：披领及裳以紫貂镶边，袖端熏貂。

（2）冬朝袍二式：片金加海龙镶边。

（3）夏朝袍：片金边。

3. 民公以下

民公以下至县主以及辅国将军：冬、夏朝服除赏赐以外，穿黄以外的颜色。

冬朝袍一式：前后各有相对的两条行龙。紫貂镶边，马蹄袖熏貂。

冬朝袍二式：腰围行蟒四，中有襞绩，下摆行蟒八，海龙皮镶边。

夏朝袍：朝裙栏杆和皇子相同，八条行蟒。

侯以下，文三品、武二品以上及县主、额驸、辅国将军以上，一等侍卫皆同。

4. 文五品至七品

文五品朝袍：片金缘，夏朝服除赏赐以外穿黄以外的颜色，通身云缎，前后方补行蟒各一，中有襞绩，领袖俱石青妆缎，冬夏皆用之。乡君、额驸、武：五、六、七品，文：六、七品，皆同。

5. 八品、九品

八品朝袍：夏朝服除赏赐以外穿黄以外的颜色。云缎无蟒，领袖俱青倭缎，中有襞绩，冬夏皆用之。武：八、九品，文九品未入流皆用。

在清代早期，也曾经有些汉族人被封为王爷，如秦王孙可望，定南王孔有德，平西王吴三桂，平南王尚可喜，但这四个人都是开国功臣，在这以后整个清代满人以外再也没有人被封赏王位。

亲王、郡王、贝勒、贝子、镇国公、辅国公的冬朝袍一式两肩前后用四条正龙，上衣和裙子连接处没有小行龙，裙子上也没有小团龙，朝裙下摆前后加底襟共有9条行龙。领、袖的边缘、裙子的下半部分都用紫貂皮。

民公、贝勒、文四品、县主额驸、辅国将军、一等侍卫及宗室夏朝服相同。由于需要通风透气，很多夏朝袍服都用纳纱工艺。纹样、款式等和冬朝服二式相同，但只用片金边，不用毛皮镶边。

夏朝袍多用纱做面料、领、袖下摆镶片金边。在传世的低品级朝服中，多数的裙子下摆上都绣有小团龙，没有小团龙的朝服比例最多不到三分之一（图2-39～图2-44）。

图 2-39 黄缎地提花加妆花柿蒂过肩龙纹朝袍（明末清初）
身长 133 厘米，通袖长 190 厘米，下裳边长 320 厘米

图 2-40 石青色妆花缎地夏朝袍（清中期）
身长 138 厘米，通袖长 185 厘米

图 2-41 石青色缎地刺绣冬朝袍二式（清中晚期）
身长 140 厘米，通袖长 195 厘米

图 2-42 石青色沙地纳纱夏袍（清中晚期）
身长 140 厘米，通袖长 198 厘米

图 2-43 石青色纳纱绣夏朝袍（清晚期）
身长 139 厘米，通袖长 201 厘米

图 2-44 蓝色缎地刺绣夏朝袍（清中晚期）
身长 143 厘米，通袖长 194 厘米

6. 二等侍卫朝服

二等侍卫朝服剪绒缘，色用石青，通身云缎，前后方襕行蟒各一、腰帷行蟒四、中有襞绩，领、袖俱石青妆缎，冬、夏皆用之（图 2-45）。

7. 五至七品朝服

本朝定制：文五品朝服片金缘，色用石青，通身云缎，前后方襕行蟒各一，中有襞绩，领、袖俱石青妆缎，冬夏皆用之。乡君，额驸，武：五、六、七品，文：六、七品皆同。

典章规定：五至七品文武官员朝服全身用云纹，片金边，胸前和后背有两个行蟒方补，腰间没有行龙（图 2-46）。

8. 八品以下

本朝定制：文八品朝服色用石青，云缎无蟒，领、袖俱青倭缎，中有襞绩，冬夏皆用之。武：八、九品，文九品未入流皆用（图 2-47）。

（三）中晚期朝袍

清嘉庆以后的很多传世朝袍中，图2-48所示这款是研究者不能忽略的朝袍。朝裙栏杆以上有六到八条小团龙，颜色是石青和蓝色，明显和清乾隆时期《皇朝礼器图式》的规章不符，按照典章，这种小团龙只有皇帝有九条，皇太子有七条，其他各文武百官都不应该有。

另外，典章规定只有冬一式是前后行蟒四、二式和夏朝服前后行蟒八，但晚期绝大多数都是四条行蟒（若含底襟，则是五条），这种不符合典章的现象清代晚期比较常见，传世也较多。

低品级带小团龙的朝袍工艺、构图和色彩的规范程度以及传世数量，应该和宫廷服装的品质相同、属于宫廷服装范畴。所以有可能是后期修订的纹样，还有一种可能就是像四爪和五爪的龙纹一样，朝廷忽略不计。

乾隆以后的各个朝代规章都有修订。乾隆五年修选《大清律例》，乾隆二十六年修选校对完成，乾隆三十一年出版《皇朝礼器图式》。后于嘉庆、道光年间选修完成《大清会典》、《事例》、《皇朝礼器图式》和《大清通例》，后来光绪年又有增补。

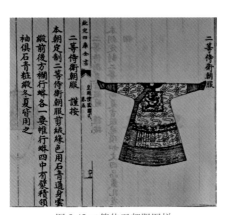

图 2-45 二等侍卫朝服图样

图 2-46 文五品朝服图样

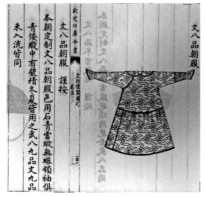

图 2-47 文八品朝服图样

尽管在笔者接触的资料中，这种纹样不在典章之列，但在传世的朝袍中，这种带有小团龙的数量明显较多，应该属于清代晚期较普遍应用的纹样，这种现象应该和晚期的龙爪一样，虽不合章法，但没人追究。

　　此龙袍是初次去日本从京都购得，当时的价格便宜得超乎想象，一对年迈的夫妻专业经营明清、民国时期的纺织品面料，小店铺最多不过十平米以内，里面堆满了各种丝绸，主要是日本的和服用品，也有小部分中国丝绸，由于价格不到国内的十分之二，笔者和夫人把他店里的所有中国丝绸全部买下了，并买了少许日本织金面料，图 2-48 所示此件朝袍便是其中之一。

　　在传世实物中，经常可以见到这种朝服。下摆前后各有两条行龙，束腰间有六或八条小团龙，接袖、马蹄袖、片金边。这种朝服的刺绣、制作工艺以及面料和宫廷服装相同，年代为乾隆以后，传世数量较多。综合看应该不是偶然现象，而是当时较为普遍存在而且流行的款式（图 2-49~ 图 2-53）。

图 2-48 色纱地纳纱绣夏朝袍（清晚期）
身长 138 厘米，通袖长 170 厘米

图 2-49 石青色缎地绣朝袍（清晚期）
身长 140 厘米，通袖长 118 厘米

图 2-50 石青色纳纱绣夏朝袍（清晚期）
身长 141 厘米，通袖长 190 厘米

图 2-51 石青色纳纱绣夏朝袍（清晚期）
身长 140 厘米，通袖长 190 厘米

图 2-52 石青色缎地刺绣朝袍（清中晚期）
身长 140 厘米，通袖长 178 厘米

图 2-53 石青色绸地刺绣朝袍（清中晚期）

身长 142 厘米，通袖长 188 厘米

（四）披领

根据清代典章，清代命官在穿用朝袍时需要配带披领，男女都用。尺寸大约宽 80 厘米、高 30 厘米。大约乾隆中期以后典章对披领的纹样、色彩等也有规定，纹样是两条相对的行龙，加上云纹、海水纹，在实际实物中也有五条的、早期的部分披领也有用其他龙纹面料剪裁而成（如上海科学技术出版社出版的《清代宫廷服饰》），作为朝袍的配饰，穿戴起来显得更加威严规范（图 2-54~图 2-61）。

图 2-54 石青色妆花缎披领（清早期）

横向最宽 83 厘米，高 29 厘米

图 2-55 石青色妆花缎披领（清早期）
横向最宽 85 厘米，高 27 厘米

图 2-56 石青色妆花缎披领（清早期）
横向最宽 83 厘米，高 26 厘米

图 2-57 石青色妆花披领（清早期）
横向最宽 82 厘米，高 31 厘米

图 2-58 青色绸底全平金披领（清晚期）
横向最宽 73 厘米，高 33 厘米

根据现存实物来看，大部分披领为两条行龙，这种五龙的披领很少见，应该不符合清代典章。按照常理，作为朝廷命官不该做这种违章的事情，所以有可能是汉族命妇按照十从十不从的规章所为。

图 2-59 石青色妆花缎披领（清中期）
横向最宽 86 厘米，高 28 厘米

图 2-60 石青色缎地刺绣披领（清中期）
横向最宽 80 厘米，高 26 厘米

图 2-61 石青色缎地刺绣披领（清中期）
横向最宽 80 厘米，高 27 厘米

第三章

男龙袍

从相关的历史资料和传世实物上整体看，清代乾隆以前，龙袍等宫廷服装主要是妆花工艺，这一时期的款式、纹样种类较多，朝廷规章的变化节奏快。同时，纺织产业也处在历史上最繁荣发达的时期，多数妆花工艺的宫廷服装纹样和色彩近乎完美，工艺上也相对精细规范。产业上的繁荣和服装制度的快节奏变化，导致这一时期的龙袍等制服供大于求，传世数量也比较多。

乾隆以后，由于灵活多变的刺绣产业的快速兴起，迅速主导了绣品市场多数份额，妆花龙袍几乎绝迹，道光以后又有少量妆花龙袍的生产。由于纺织机械的发展，大约同治开始，新型工艺的妆花龙袍产量有所增加，但工艺和构图方式和早期妆花龙袍有较大的差别。

一、综合解析

清代龙纹的变化是一个龙纹外形由大到小的过程，早期的龙纹在龙袍上所占比例较大，以后呈逐渐减小的趋势。龙袍下摆的行龙变化明显，主要经历了由爬行到飞行，再到坐姿的变化过程。爬行的龙纹应来源于朝袍栏杆的构思，可能由于排列不够协调，流行时间很短。一般飞龙纹样的年代较早，后来也始终有龙头在上龙尾在下的纹样应用，只是占比很小。而且越来越没有飞行的感觉，坐姿龙纹的应用相对普遍，流行时间也长。

云纹的变化是由肥胖、生硬到纤细流畅，再到整齐、呆板的过程。早期的云纹是大云头、短云身、多云尾，整体肥大稀疏，云纹的形状大小和排列比较随意。除了少数夹杂寿字、八宝纹外，基本没有其他纹样。大约乾隆时期云纹的云头变小，云身和云尾加长，整体结构生动流畅。以后的云尾逐渐消失、云头越来越排列整齐密集，显得呆板没有活力。并且多数云纹中加有各种蝙蝠、花卉、暗八仙等吉祥纹样。

早期龙袍下摆的立水很短或者没有立水，只有平水。一般雍正以前的立水高度在 10～15 厘米，多数平水高于立水，之后立水逐渐增高，到清光绪时期有的高于 50 厘米，年代越晚立水越长，而平水则随之缩短。

当然，这里所说的只是个时段顺序的概念，只是大约顺序，并非绝对年代，每个时段都会有相对的误差。因为所有纹样、款式的变化，在生产和使用的时间上都是渐进的过程，都不是一朝一夕所能完成的。每个过渡肯定会有重叠的现象，但是对每个时期的纹样、款式的变化，在顺序上有个明确的排列，对于清代宫廷服装的发展过程会更加清晰。

（一）名称

有些人认为只有皇帝才能够穿龙袍，如果单从名称上讲，这种说法不错，但只限于名称。实际上，从款式甚至纹样上，清代所有官员都穿"龙袍"，但一般称之为蟒袍。

龙、蟒之称的问题，似乎人尽皆知，但却是很难解释清楚的问题。这种现象主要是很多人延续了明代服制的概念，按照清代典章定制，只有皇帝、皇太子穿的朝袍才可以叫龙袍。同样的款式、纹样，其他所有的命官，包括一些宗室成员穿则叫蟒袍。

按上述逻辑，明黄和杏黄色的叫龙袍，金黄、石青等其余所有颜色都叫蟒袍。由此可推论，龙、蟒的称呼是可以以颜色为标准的，因为颜色是着装者身份的重要标识。

但需要清楚的是，从贝勒开始以下级别的官员穿四爪蟒袍，不能穿用五爪龙纹。也就是说，贝勒以下官员穿的蟒袍可以用龙爪数做为判别标准。

（1）颜色：皇帝用明黄，皇太子用杏黄，皇子用金黄，其他人除赏赐外不能用黄色。

（2）称呼：同样的纹样、款式，皇帝、皇太子叫龙袍，以下命官都叫蟒袍。

（3）龙爪：郡王及以上用五爪，贝勒及以下开始用四爪。

就是说，郡王以上龙袍纹样、款式相同，但颜色不同，可以从颜色上区别。从贝勒开始，龙袍改为四爪，可以从龙爪上区分。

但事实上，从大量的传世和出土实物中看，清晚期的龙袍五爪龙很多，四爪蟒却很少，这种现象显然不符合当时穿用人群的实际情况。所以，可以判定清代中晚期的服饰制度对龙爪的规定形同虚设，并没有严格执行。这也使本来就很模糊的龙和蟒的概念更加混乱。换言之，蟒和龙的称呼无法明确的用四爪和五爪区别。

如果从颜色上区分，皇帝、皇太子在不同场合也穿用其他颜色，郡王以下官员可以使用黄色以外的任何颜色，但皇帝赏赐又是可以穿用黄色的，实际上也没有规律可循。由此可见，龙和蟒的区别只是称呼的不同，而从实物来看，很难做确切的区分和界定。

由于上述原因，本书中不管几爪，把所有的龙纹都叫龙，同时宫廷和官用的龙纹袍服统称龙袍。

（二）款式

通常人们所说的龙袍，也叫蟒袍，款式源于满蒙袍服，圆领、右衽、大襟、瘦袖、马蹄袖。通过妆花、刺绣、缂丝等工艺来显示纹样。主体纹样有龙纹、云纹、海水江牙纹组成，同时也夹杂着福寿、八宝、八仙等吉祥纹样。龙袍主要由皇族及各阶层官员正式场合穿用。根据清代《穿戴档》等历史记载，除了免褂期（三伏天），更多的时间和场合，龙袍外面需要套龙褂、官服等相应的外褂。

大约雍正以前基本不用织绣的龙纹托领、没有接袖，马蹄袖和袍身为相同颜色。随后经历了一个领袖部分可有可无的短暂时期。从清初到乾隆中早期，领袖部分的纹样没有明确的时代特征，基本处于一种随意的状态，很难在领、袖、接袖、马蹄袖的变化上找出龙袍随时代变化的规律，从而排列出龙袍所在年代的顺序。实际上，清代中晚期较稳定的托领形状、云龙纹样等也没有发现朝廷有相应的法规。

1951 年出版的《中国龙袍》一书，Schuyler Camman 也认为前文所述款式是早期的宫廷龙袍。从接袖颜色与龙袍相同或相近到使用深色接袖这一转变发生在康熙时期，于 19 世纪之前，接袖采用与龙袍相同或相近的颜色，至 18 世纪中期深色接袖已经形成惯例了。

同时，Schuyer 还指出接袖用深色的转变源于龙袍外褂之袖长变短因素引起的。清早期龙袍穿着时罩以龙褂，袖长之露出马蹄袖端，而中期以后龙袍外罩以补褂，补褂袖短可漏出接袖，若在正式场合漏出色彩鲜艳的接袖则显得不够庄重，故采用深色接袖。

马蹄袖和袍身之间连接的接袖部分，一般业内叫接袖，包括接袖中的横纹，乾隆以前或有或无，典章也没有相关要求，无法从接袖的有无上区分功能。

近些年故宫出版的书刊里也能反映出这种现象，有的接袖和龙袍为同一种颜色，有的接袖用石青色，如《天朝衣冠》第 52 页、53 页。多数托领和马蹄袖的色彩和龙袍相同，也有的不管龙袍什么色彩，托领、接袖、马蹄袖都用石青色。多数主体为云龙纹，也有的领袖是用其他面料裁制而成的，参见《清代宫廷服饰》第 58 页、148 页、149 页。

大约乾隆时期逐渐形成专门用于围领部分的石青色龙纹托领、接袖、马蹄袖，所以此部分解释只能概括雍正以后的款式。约雍正、乾隆时期，社会处于国泰民安的状态。在管理上，各种制度已经逐步完善，服饰典章也趋于成熟。龙袍也几经变化，基本形成了最终的款式。

清代龙袍的基本款式为右衽、大襟的长袍，身长约 140 厘米，下摆宽约 120 厘米。根据实物比对，款式上的变化主要体现在领袖上，其中主要组成部分的名称分别是以下三种，即托领、接袖、马蹄袖。但查阅历史资料，对于马蹄袖的龙纹有规章，但马蹄袖的色彩、托领的纹样，接袖都没有具体规定，所以笔者所说的托领、接袖的纹样、色彩应该只是一种审美习惯，但久而久之，到清代中晚期，似乎成为一种必然（图 3-1、图 3-2）。

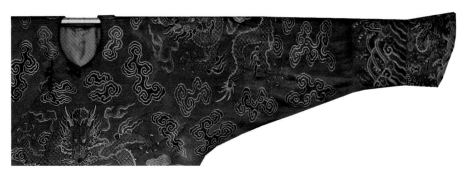

图 3-1 红色妆花龙袍领、袖部分

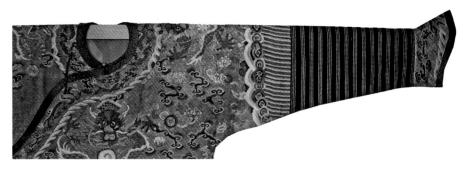

图 3-2 金地缂丝龙袍的托领、接袖、马蹄袖部分（清中晚期）

（1）托领

按照业内的习惯，领口以及大襟镶边的部分叫托领（图 3-3）。

清代朝廷官员大多源于游猎为生的满族，托领应该是从满族喜欢的花边演变而来的，从龙袍的领口到大襟围绕一周云龙纹的边饰（业内的人把这一部分叫托领）。早期的托领没有龙纹，只是作为花边，缝一条绸缎围绕在领子的周围，随后发展成专用的带有云龙纹的所谓托领，但托领上面的云龙纹不在典章要求之列，只要求用石青色片金边。

（2）接袖

袖子中间的山水末端到马蹄袖之间（也就是龙袍两肩正龙纹下面海水纹处），连接使用的带有横纹的绸缎叫接袖（也叫箭袖），起源于满族射猎时防止剑弦打伤小臂而缠裹在袖子上的布。清代演变成龙袍的接袖，多数织绣或挤压成横格状，现存实物中用织绣工艺的很少，多数是挤压而形成的。

（3）马蹄袖

袖子末端马蹄形袖口叫马蹄袖，这也是清代特有的款式。上面的正龙纹是典章明确规定的，但颜色没有具体要求。清早期曾有一段时间，马蹄袖颜色和龙袍用同一种颜色，乾隆以后的马蹄袖基本都用石青或黑色。这是清代龙袍定型后的款式，之后的整个清代都没有大的变化（图 3-4）。

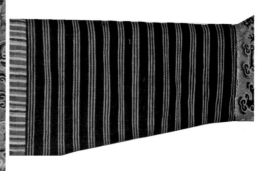

图 3-3 托领　　　　　　　　　　　(a) 接袖　　　　　　　　　　　(b) 马蹄袖

图 3-4 接袖、马蹄袖

二、刺绣龙袍

刺绣品作为工艺的一个种类，和书画等其他类别一样，是一种综合的艺术。对于刺绣品，人们往往更多的侧重于精细程度，不可否认，工艺的粗细在绣品中的作用至关重要。但笔者个人理解，所谓艺就是对某项工作的熟练程度，术则是对某项工艺的理解和感悟。刺绣品也同样，除了知名度等社会环境以外的因素，应该以作品的构图、色彩、行针的准确度最为重要，也是作品感染力的重要因素。构图轮廓是否准确，色彩应用是否合理，针脚、针距、行针方向是否均匀、齐整及所用丝线的粗细等，都是刺绣品优劣的重要因素。其中一项的不完美都会影响整件作品的视觉效果，影响作品的品质，这些和所费的工时没有直接的关系。假如两件作品具有相同的感染力，所用工时少的应更为优秀。

还有一个现实问题不容忽视，要知道，绝大多数的绣品并不是一个人构思的作品，随着社会需求的不断增多，在正式的刺绣工厂中，构图风格、色彩搭配等往往是分工合作、流水线作业完成的。作品优劣不完全取决于刺绣的操作者，这一点不同于其他艺术作品。这种工作环境就导致了绣品风格越来越程式化，规整而缺乏活力，缺乏创造性也成为必然。

龙袍的龙纹只有四个，前胸、后背各一，两肩各一，四合云纹满铺金地，这些都符合清代早期的特点。四合云头中加平金满族文字（字的意思是幸福）。

这个时期的刺绣工艺已达到艺术的顶峰，很多绣品的工艺都非常精细、复杂，不难看出绣这样一件袍服所耗费的工时巨大，不惜工本（图 3-5）。

（一）皇族

根据大清典章，只有皇帝、皇后及妃、嫔、皇太子可以使用龙的称呼，其他人是不能用此称呼的。但根据多年来各种书刊杂志以及业内多数人们的习惯称呼，为了便于理解，此书就不分龙、蟒的区别，不管龙、蟒都用"龙"的称呼。

(a) 正面

(b) 局部

(c) 背面

图 3-5 金地满绣龙纹袍（清早期）

身长 138 厘米，通袖长 188 厘米，下摆宽 118 厘米

1. 皇帝、皇太子、皇子龙袍

皇帝龙袍色用明黄，领、袖俱石青，片金缘，绣文金龙九，列十二章，间以五色云，领前后正龙各一，左右及交襟处行龙各一，袖端正龙各一，下幅八宝立水，裾左右开，棉、袷、纱、裘各惟其时。款式、云纹、海水纹和其他龙袍没有区别。

皇帝十二章：有记载的十二章纹是乾隆中期，也就是说，乾隆中期以后。

乾隆三十一年出版的《皇朝礼器图式》有详细记载，皇帝龙袍有十二章纹样，这样在判断是否为皇帝龙袍时，除了比较模糊的明黄色以外，有了更详细的佐证（图3-6）。

皇太子和皇子龙袍在纹样、款式上没有区别，只是色彩上有杏黄和金黄之分。笔者知道，清代龙袍传世至今少则百年，多则三百余年，保存环境不同会直接导致不同的色彩自然变化，加上杏黄和金黄同为一个色系，根本没有办法把两种颜色明确区分，所以把皇太子和皇子龙袍归纳在一起解释。

（1）黄太子龙袍：用杏黄色，领、袖石青色，片金缘，绣文金龙九，间以五色云，领前后、两肩为四条正龙，下摆加底襟五条行龙，下摆八宝立水，左右开裾。

（2）皇子蟒袍：用金黄色，名称上改称蟒袍，其他和太子龙袍相同。

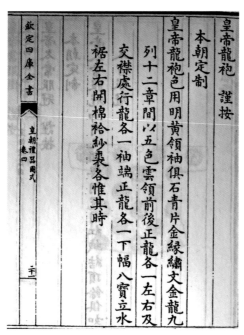

图3-6 皇帝龙袍文字定制

图3-7所示龙袍的龙纹用很小的珍珠绣成，使本来就档次很高，不惜工本的龙袍更加华贵。经测量，一般珍珠绣品所用的珍珠直径在0.12厘米以内。在如此小的珍珠间还要穿过丝线，排列成所需要的图案，就是科技高度发达的现代都是很难做到的，几百年以前更是难以想象。珍珠绣品传世很少，种类除了少数宫廷刺绣服装的主体图案以外，清早期的绣画也有的用珍珠、珊瑚珠做点缀。

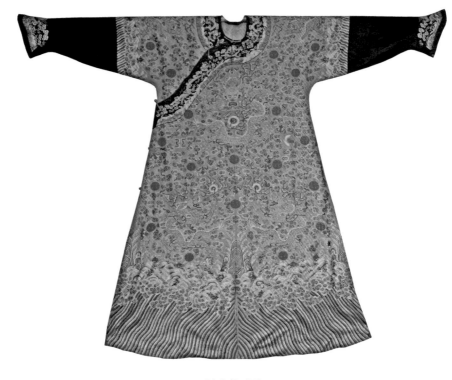

(a) 龙袍正面

(b) 龙袍背面

图 3-7 明黄色绣珍珠龙十二章纹皇帝龙袍（清晚期）

身长140厘米，通袖长180厘米，下摆宽120厘米

在绣十二章的龙袍中，图 3-8 所示龙袍年代较早。龙纹比例相对较大，龙身翻转流畅。云头和云身的长短运用灵活不拘谨，云尾渐显消失，长云身的云纹开始向程式化云纹转化。平水和立水间过渡的部分，六个整齐排列的如意纹云头还未消失，立水交叉排列。这种形式的云纹和立水纹保留时期很短，一般在乾隆晚期。特别是这种云纹在其他时期很少见到。

龙袍上的龙纹、云纹和海水纹都很规范，工整秀气略显程式化，平水的波浪尚在，立水纹比例逐渐加长。一般年代越晚立水越高，从龙、云以及立水纹看，这件龙袍应是清代中晚期（图 3-9）。

图 3-10 所示明黄十二章纹龙袍来自西藏地区，记得应该是 20 世纪晚期，买时费了很大周折。那时很少有人了解龙袍，更不知道十二章纹为何物。笔者清楚的记得，当时是一家三人把这件龙袍拿到笔者店铺的，这家人虽然有明显的藏族同胞的特点，但从装束和语音上判断明显是在北京生活多年的人。这件龙袍年代较早，笔者看到后非常喜欢，三人进门就让笔者出价格，笔者给了个当时较合理的价格，他们不卖，让他们要价，三个人又不开口，在他们强烈的要求下，笔者又两次加价，但让他们开价无果。看来他们根本不想卖，笔者怎样努力也没有用，只有交朋友了，聊了一会，笔者笑脸送走了他们。之后很长时间笔者都惦记着这件东西，并告诉所有的相关的朋友注意这件龙袍，但杳无音信。大概过了两年多的时间，她们三人又把龙袍拿来了，笔者喜出望外，但吸取上次的教训，假装板着脸说不能加价了，而且并不要求他们开价，至少熬了半小时，他们终于开价了，尽管至少高于行价的三分之一，笔者磨了半天也没少多少，最后还是买下了。

清代典章明确规定皇帝龙袍上用十二章纹，最早记载于乾隆三十一年出版的《皇朝礼器图式》，也就是说最少乾隆中期的皇帝龙袍就开始应用十二章的纹样。此件龙袍延续较长的单尾云纹，较纤细流畅的龙纹，和平水、立水的比例，色彩都符合这一时期的特点，应该是乾隆中期的皇帝龙袍（图 3-11、图 3-12）。

龙袍刺绣工艺精细，构图整齐规范，是典型的清代中晚期刺绣龙袍的风格。龙袍的立水分九层、七层、五层，和三层，所谓几层就是一个色系，需要几种过渡色线绣成，层数越多绣工越细，所以要看一件龙袍的工艺粗细，只要看立水绣几层，就基本能看出此袍的工艺怎样。也有人把立水绣几层俗称几彩（五彩、七彩等），用于代表绣品的工艺精细程度（图 3-13）。

图 3-8 明黄色缎底绣十二章纹龙袍（清中期）
身长 138 厘米，通袖长 198 厘米，下摆宽 112 厘米

图 3-9 明黄色缎地绣十二章纹龙袍（清中晚期）
身长 140 厘米，通袖长 188 厘米，下摆宽 110 厘米

图 3-10 黄色绸地绣十二章纹龙袍（清中期）
身长 141 厘米，通袖长 185 厘米，下摆宽 116 厘米

图 3-11 黄色缎地绣十二章纹龙袍（清中晚期）
身长 142 厘米，通袖长 184 厘米，下摆宽 113 厘米

图 3-12 明黄色缎地绣十二章纹龙袍（清乾隆）
身长 142 厘米，通袖长 195 厘米，下摆宽 112 厘米

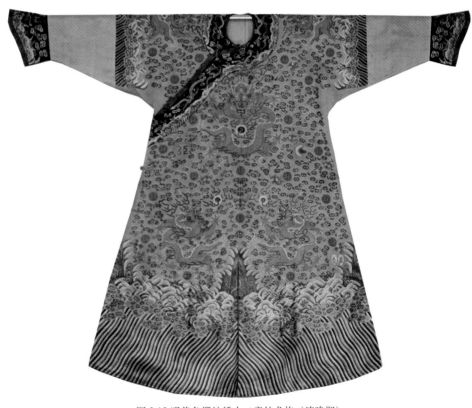

图 3-13 明黄色缎地绣十二章纹龙袍（清晚期）
身长 142 厘米，通袖长 187 厘米，下摆宽 116 厘米

清代刺绣作为一种工艺品，爱好者在追求工艺上是有区别的，有的喜欢色彩，有的注重构图所表现的内容，更多的是追求做工。当然，以上三项应是综合的、兼顾的，每一项的不足都会影响整体的质量。但是从整体的发展看，乾隆以后，人们越来越侧重于绣工的精细和工时的浩大，于是，针脚越来越紧密、图案越来越密集，忽略了整体视觉上的灵活性，纹样、色彩密集而呆板（图3-14~图3-16）。

图3-17所示的龙袍也许是花费工时最多的，袍身整体肥大，除了云龙、海水江牙纹等，在空白处添满"卍"子纹样，由于"卍"的图案是连在一起的，人们叫万字不到头，大体应解释为永无止境的意思。整件龙袍都难以看到底色，用一针一线绣成，正常情况至少要比普通龙袍多几倍的工时。笔者知道，龙袍面料等的费用比例很小，价值主要来自工艺所需的费用，花如此大的代价绣一件龙袍，笔者认为并没有太大意义，反而给人一种过于繁琐的感觉。这也是清代晚期的绣品比较普遍的现象。

绣珍珠龙纹袍很少，基本都是黄色，说明即便是宫廷也很少制作。所见的绣珍珠龙袍一般是乾隆时期，由于传世量少，更显其珍贵（图3-18~图3-20）。

图3-14 黄色缎地刺绣十二章纹龙袍（清中期）
身长140厘米，通袖长186厘米，下摆宽115厘米

图 3-15 明黄缎地十二章纹绣龙袍（清中期）
身长 214 厘米，通袖长 140 厘米，下摆宽 115 厘米

图 3-16 明黄色绣网格底十二章纹龙袍（清晚期）
身长 139 厘米，通袖长 188 厘米，下摆宽 115 厘米

图 3-17 明黄色绣万字底十二章纹龙袍（清晚期）
身长 142 厘米，通袖长 192 厘米，下摆宽 115 厘米

图 3-18 明黄色绣十二章纹龙袍（清晚期）
身长 140 厘米，通袖长 186 厘米，下摆宽 116 厘米

图 3-19 黄色缎地绣珍珠龙袍（清中期）
身长 140 厘米，通袖长 189 厘米，下摆宽 118 厘米

图 3-20 黄色绣十二章纹龙袍（清晚期）
身长 139 厘米，通袖长 182 厘米，下摆宽 110 厘米

多年前笔者曾经买到过一个有珍珠点缀花纹装饰的镜心，卖给了当时北京唯一个对外国人开放的友谊商店，负责收购的王师傅给笔者的价格超越笔者预期的十倍（120 元），问他为何给这么高的价格，回答是大珍珠不好找，这样小的珍珠更没地方找。这足以傍证图 3-21 所示龙袍的珍贵及宫廷服装的奢侈。

图 3-22 所示龙袍的龙纹比例较大，下摆的飞龙多见于早期的妆花龙袍。云纹排列稀疏，采用多云头的组合，单云尾。汹涌的多层平水和较短的立水都说明年代较早，这种构图方式的刺绣龙袍传世很少。

图 3-23 所示龙袍年代应为乾隆晚期，由于产业环境等原因，乾隆以前的龙袍大部分是妆化工艺，以后的各个时代刺绣工艺明显增多。特别是宫廷服装，道光以后几乎全部用刺绣工艺。此龙袍色彩有较明显的衰退现象，没有十二章纹，有可能是皇子穿用的金黄龙袍。

图 3-24 所示龙袍龙头、龙爪用黑金线平成，这种方法一般出现在嘉庆、道光时期的龙袍、龙褂上。工艺精细规范，笔者多年查找其含义均未答案，感觉是这个时期的一个正式厂家的产品。

图 3-21 黄色缎地绣珍珠龙纹袍（清中期）
身长 141 厘米，通袖长 192 厘米，下摆宽 120 厘米

(a) 龙袍正面

(b) 龙袍背面

图 3-22 黄色缎地五彩金龙纹龙袍（清早期）

身长 143 厘米，通袖长 189 厘米，下摆宽 116 厘米

图 3-23 黄色缎地刺绣龙袍（清中期）

身长 140 厘米，通袖长 192 厘米，下摆宽 118 厘米

图 3-24 香黄色缎地刺绣龙袍（清中期）

身长 138 厘米，通袖长 190 厘米，下摆宽 114 厘米

图 3-25 黄色刺绣龙袍（清中晚期）
身长 140 厘米，通袖长 190 厘米，下摆宽 114 厘米

图 3-26 黄缎地刺绣龙袍（清早期）
身长 142 厘米，通袖长 193 厘米，下摆宽 113 厘米

　　图 3-25、图 3-26 龙袍工艺精细，应为较独特构图的设计，根据龙纹所留的空间，采用比较细小的云纹，延伸的方向和云身长短随意设计，穿插单尾云纹，有典型的乾隆中晚期特点。下摆飞行状龙纹的折返形态很少见，偶尔见到

也是同一时期的产品。

清代是以黄色为贵，明确规定皇帝穿明黄、皇太子用杏黄、皇子用金黄、而亲王、郡王等以下品级用蓝及石青，除皇帝赏赐外不能穿黄色。按照大清典章规定，杏黄是皇太子穿用的（图 3-27）。

刺绣龙袍和其他绣品一样，也有较明显的地域和时代特征。相对于其他龙袍，此龙袍颜色反差较大，延续较长的五彩云纹的绿色明显多。尽管龙纹、山水纹的构图简单潦草，工艺并不十分精细，所用丝线较粗，却有较好的视觉效果，比较协调有感染力，这种特点一般是蜀绣的风格（图 3-28、图 3-29）。

经过多年的流传已经很难确定原来是那种黄色，在传世的龙袍中，绝大部分的龙袍已经不同程度的损坏和褪色。图 3-30 这件龙袍原来应该是黄色。

根据多年的经验，实际上内地流传的龙袍很少，偶尔少量的发现质量也比较差。除了故宫以外，现在社会上能见到的龙袍主要来自三个方面。

第一是国外的收藏。据调查，外国的龙袍主要来源是民国时期在中国市场上购买，和解放后通过外贸出口而获得，特点是多数年代较晚，干净完整，品相好。

第二是 20 世纪 80 年代来自我国西藏地区。乾隆以前的龙袍绝大部分来自我国西藏地区。从数量、种类上说我国西藏地区存世最多，相比较年代也最古老，多为妆花工艺，但多数都已经剪坏改成其他的各种款式，而且品相也很差。

图 3-27 杏黄色缎底绣龙袍（清晚期）
身长 137 厘米，通袖长 200 厘米，下摆宽 113 厘米

第三是来自蒙古国的乌兰巴托。与来自我国西藏的龙袍相比，蒙古国的龙袍相对干净，但褪色较严重，年代也明显较晚。蒙古国的龙袍黄色和皇帝十二章纹比例较多，多为刺绣工艺。

按照典章，清代女龙袍县主以上可以穿用香色，但男龙袍的黄色系列里只有明黄、杏黄、金黄，图 3-31 龙袍的颜色好像是香色。时隔二三百年，有些织绣品因为存放环境等因素，和原来的颜色有一定差距也是正常的。有的红色经过多年的褪色，更近似于黄色，各种黄色更难准确区别。

图 3-28 黄色绣龙袍（清中晚期）
身长 139 厘米，通袖长 188 厘米，下摆宽 113 厘米

图 3-29 黄色刺绣龙袍（清中晚期）
身长 142 厘米，通袖长 198 厘米，下摆宽 122 厘米

图 3-30 黄色刺绣龙袍（有褪色）（清中晚期）
身长 140 厘米，通袖长 192 厘米，下摆宽 116 厘米

图 3-31 香色刺绣龙袍（清中晚期）
身长 135 厘米，通袖长 187 厘米，下摆宽 106 厘米

（二）亲王及以下

亲王、郡王以下除赏赐外不能用黄色，其他颜色随所用、款式、纹样除十二章纹不能用外和皇帝龙袍都没有明显区别。

根据清代典章记载，从贝勒蟒袍开始，龙纹由五爪改为四爪，下至辅国公和硕、额驸、民公、侯以下、文武三品郡君、额驸、奉国将军以上，一等侍卫皆同。

从文四品蟒袍开始，由九蟒改为八蟒，四爪，武：四、五、六品，文：五、六品，奉恩将军及县君、额驸、二等侍卫以下皆同。

文七品蟒袍：文七品蟒袍蓝及石青诸色随所用，通绣五蟒皆四爪，武七、八、九品未入流皆同。

清代龙袍云、龙纹的比例是由大到小的过程。康熙、雍正时期更注意突显龙纹的凶猛，占用袍身的比例较大；到乾隆后期龙纹开始渐小，身体逐步短粗；道光、咸丰时期的龙纹比例最小，看上去品字形龙纹的间距很大，两肩的龙纹更小。同治以后有所恢复，但是越加短胖、呆板。图 3-32 所示龙袍的龙纹身体开始发胖、但较为流畅，活力尚在。从立水和平水的比例来看也应该是乾隆晚期到嘉庆早期。

图 3-32 香色缎地刺绣龙袍（清中期）
身长 138 厘米，通袖长 192 厘米，下摆宽 125 厘米

图 3-33 所示刺绣龙袍色彩鲜艳，色彩丰富，云头较小而云身很大，按其他纹样所剩空白的任何方向无规律的延长和缩小，云尾渐少但还有部分尚存。

平水较高，立水纹为横向行针绣法，蝙蝠的嘴上带有胡须，这些特点都应该是乾隆晚期的绣品。这件龙袍无论色彩、构图还是横向行针的立水，都明显有蜀绣的风格。

图 3-34 所示马蹄袖向里反转不是裁坊制作的错误，而是清代中晚期偶尔有人故意做成这种样式。根据一些历史图片等资料，在当时的日常穿用中部分马蹄袖是挽起来的（蓝色里反在外面），有些人干脆就做成这种样子，这种做法不是个例。

图 3-33 棕色绸地刺绣龙袍（清中期）
身长 143 厘米，通袖长 200 厘米，下摆宽 118 厘米

图 3-34 棕色纱地戳纱绣龙袍（清中期）
身长 140 厘米，通袖长 160 厘米，下摆宽 118 厘米

图 3-35、图 3-36 所示龙袍平水波浪较大且层次较多，立水短而平直（较清晚期相比），彩头云纹延续较长。少量的单云尾，整体云、龙纹还有一定的动感和流畅性，说明此龙袍年代应在乾隆晚期。

图 3-35 棕色缎地刺绣龙袍（清中晚期）
身长 142 厘米，通袖长 186 厘米，下摆宽 110 厘米

图 3-36 棕色缎地刺绣龙袍（清中期）
身长 138 厘米，通袖长 190 厘米，下摆宽 120 厘米

从现存品不难看出，乾隆晚期到嘉庆（半个云头彩色、偶见单尾云）时期的龙袍除了皇家禁用的黄色以外，咖啡色、紫红色龙袍明显多于蓝色，以后各代蓝色明显逐步增多，到清晚期棕色龙袍很少见到（图3-37、图3-38）。

图 3-37 棕色缎地绣龙袍（清中晚期）
身长 140 厘米，通袖长 192 厘米，下摆宽 110 厘米

图 3-38 棕色刺绣龙袍（清中晚期）
身长 138 厘米，通袖长 196 厘米，下摆宽 108 厘米

图 3-39 所示龙袍刺绣工艺精细，下摆江水海牙没有立水，全部用多层平水组成，不用立水的袍服多见于早期。清雍正以后的龙袍很少见不用立水的，但到嘉庆、道光时期又有少量不用立水龙袍的生产。下摆的龙纹业内有人叫丑面龙，这种构图的龙袍传世量较少，工艺都很精细，一般多为嘉庆、道光时期的产品。

图 3-39 棕色刺绣龙袍（清中晚期）
身长 143 厘米，通袖长 192 厘米，下摆宽 120 厘米

刺绣龙袍云纹中加八宝纹，最早出现应在乾隆时期，到清代晚期逐步在八宝纹的基础上增加了暗八仙纹样。所以一般带有暗八仙纹样的龙袍年代较晚，往往是咸丰以后的（图 3-40）。

图 3-40 棕色绸地刺绣龙袍（清中晚期）
身长 142 厘米，通袖长 201 厘米，下摆宽 118 厘米

清代乾隆以后的龙袍，云纹逐步的程式化，云尾已经消失，云身短而直，云头也相对密集，龙纹呆板，龙身短而粗，立水也越来越高。图 3-41～图 3-43 所示龙袍从云纹和平水立水的比例来看，应为咸丰、同治时期的。

图 3-41 红色缎地刺绣龙袍（清中晚期）
身长 138 厘米，通袖长 186 厘米，下摆宽 110 厘米

图 3-42 蓝色缎地刺绣龙袍（清中晚期）
身长 142 厘米，通袖长 196 厘米，下摆宽 120 厘米

图 3-43 棕色缎地刺绣龙袍（清晚期）
身长 141 厘米，通袖长 190 厘米，下摆宽 124 厘米

  大概在嘉道时期，曾经在一个较短的时间内流行龙纹的头、龙爪用黑色金线，甚至把全身龙纹用黑色平成，龙袍、八团龙袍褂都有这种传世实物，尽管传世较少，但有一定的数量。图 3-44、图 3-45 所示龙袍刺绣工艺都很精细规范，这种风格的龙袍在当时应该有特殊的含义。

图 3-44 棕色刺绣龙袍（清中晚期）
身长 140 厘米，通袖长 192 厘米，下摆宽 118 厘米

图 3-45 石青色刺绣龙袍（清晚期）

身长 140 厘米，通袖长 193 厘米，下摆宽 115 厘米

　　图 3-46 所示龙袍的立水上有花卉纹，原来认为是部分汉族官员穿用的，后来发现有的八团花卉袍立水上也有花卉，而这种八团花的袍服一般汉族女人是不穿的。而且和官员的品级和性别也无关，所以立水上织绣花卉纹样只构图形式的一种，没有其他含义。

图 3-46 棕色刺绣龙袍（清中晚期）

身长 142 厘米，通袖长 196 厘米，下摆宽 112 厘米

由于年代不同，生产地区，甚至生产厂家的不同，图案的设计都有所变化，对于当时代表官服之一的龙袍，除了宫廷设计好，派官员监制的产品，即便是同一时期、同一地区生产的龙袍也没有统一的版本，所以，除了朝廷规章的范围以内，（龙纹）各种纹样的设计，基本呈现百花齐放的状态（图3-47～图3-51）。

图 3-47 石青色刺绣龙袍（清晚期）
身长 139 厘米，通袖长 196 厘米，下摆宽 114 厘米

图 3-48 蓝色绸地刺绣龙袍（清晚期）
身长 140 厘米，通袖长 190 厘米，下摆宽 113 厘米

图 3-49 蓝色缎地刺绣龙袍（清晚期）
身长 141 厘米，通袖长 190 厘米，下摆宽 118 厘米

图 3-50 蓝色缎地刺绣龙袍（清晚期）
身长 143 厘米，通袖长 197 厘米，下摆宽 118 厘米

图 3-51 蓝色缎地刺绣龙袍（清中晚期）
身长 142 厘米，通袖长 196 厘米，下摆宽 116 厘米

　　道光以后龙袍下摆上这种飞跃状态的龙纹，行业内也叫丑面龙。笔者曾长期查找资料、多方询问行家，都没有找出其特殊的含义。可能只是一种构图的方式，是一种爱好或者时尚，和坐姿的行龙纹在意义上没有区别（图 3-52、图 3-53）。

图 3-52 蓝色缎地刺绣龙袍（清晚期）
身长 143 厘米，通袖长 198 厘米，下摆宽 116 厘米

图 3-53 蓝色缎地刺绣龙袍（清晚期）
身长 143 厘米，通袖长 195 厘米，下摆宽 118 厘米

　　云纹带有彩云头，加上蝙蝠、牡丹花卉等纹样，云朵相对较大，中间花篮部分的图案善用打籽工艺，应该是道光时期的工艺特点。到同治、光绪时期云朵逐渐变小，同时也明显密集（图 3-54、图 3-55）。

图 3-54 蓝色缎地刺绣龙袍（清晚期）
身长 139 厘米，通袖长 186 厘米，下摆宽 110 厘米

图 3-55 蓝色绸地刺绣龙袍（清晚期）
身长 140 厘米，通袖长 194 厘米，下摆宽 119 厘米

图 3-56 所示这种龙袍构图相对规范、但比较呆板，刺绣和平金工艺都较粗糙、立水一般只绣五层。而且有较多的传世量，在规模生产的龙袍中是工艺较粗糙的一种。

图 3-56 蓝色缎地刺绣龙袍（清晚期）
身长 135 厘米，通袖长 195 厘米，下摆宽 110 厘米

图 3-57 所示应该是蜀绣风格的龙袍，构图、色彩，刺绣工艺等都具有明显的蜀绣特点。常见的刺绣龙袍多数为苏州地区生产的苏绣产品，但根据工艺特点，实际上除了苏绣龙袍以外，四川的蜀绣，清晚期广东的潮州绣，北京绣的八团袍褂、氅衣、衬衣也有一定的传世量，而且都有明显的地方特色。

图 3-57 蓝色缎地刺绣龙袍（清晚期）
身长 140 厘米，通袖长 196 厘米，下摆宽 120 厘米

蝙蝠纹是清代中晚期最为常用的图案之一，意为享福、祝福的意思，刺绣龙袍多数带有蝙蝠图案。据观察，乾隆以前的蝙蝠多数带有胡须，以后蝙蝠的胡须逐渐消失。道光以后部分龙袍蝙蝠嘴上叼着寿桃、盘长等，这种龙袍品质较好，绣工精细（图 3-58、图 3-59）。

图 3-58 棕色缎地刺绣龙袍（清中晚期）
身长 138 厘米，通袖长 192 厘米

图 3-59 咖啡色缎地绣龙袍（清中晚期）
身长 138 厘米，通袖长 196 厘米

　　图 3-60、图 3-61 所示广东潮州绣的龙袍，潮绣工艺全平金较多，金线靓丽，品质较好。特点是构图色彩较为随意，刺绣工艺用的丝线较粗、整体比较粗犷。

图 3-60 蓝色缎地刺绣龙袍（清晚期）
身长 135 厘米，通袖长 200 厘米，下摆宽 110 厘米

图 3-61 蓝色缎地刺绣龙袍（清晚期）
身长 138 厘米，通袖长 186 厘米，下摆宽 110 厘米

　　图 3-62 所示龙袍是咸丰、道光时期较普遍应用的风格，中间的花篮、牡丹用打籽工艺，链接的部分用平金，红色的蝙蝠。相对于嘉庆、乾隆时期龙纹比例变小，平水明显较短，而立水则逐渐加长。

图 3-62 蓝色缎地刺绣龙袍（清晚期）
身长 140 厘米，通袖长 196 厘米，下摆宽 115 厘米

根据清代宫廷的历史记载，刺绣工艺和平金是两个工种，在生产过程中，一般是先由刺绣工人完成刺绣的部分，后再交给平金工做需要平金的部分，各记工酬，但多数龙袍只有龙纹等少数图案需要用平金工艺，像这种满身绣云纹间都添加平金勾莲的龙袍很少（图3-63~图3-65）。

图 3-63 蓝色缎地刺绣龙袍（清晚期）
身长 140 厘米，通袖长 192 厘米，下摆宽 118 厘米

图 3-64 紫色绸地刺绣龙袍（清晚期）
身长 138 厘米，通袖长 200 厘米，下摆宽 116 厘米

图 3-65 红棕色缎地刺绣龙袍（清晚期）
身长 138 厘米，通袖长 200 厘米，下摆宽 116 厘米

图 3-66 蓝色绸地刺绣龙袍（清晚期）
身长 138 厘米，通袖长 189 厘米，下摆宽 112 厘米

图 3-66 所示龙袍的立水很高，平水较短，云纹排列密集，龙纹比例较小。刺绣工艺精细，构图、色彩、山水、云龙纹等都是很有代表性的清晚期龙袍纹样特点。图 3-67 所示龙袍绣工精细，七彩立水，主体构图是云龙加仙鹤纹。带有仙鹤纹的龙袍明末清初曾有一个较短的时段比较流行，以后基本消失，直到清晚期的部分龙袍上才又重新使用。龙纹比例相对小，显得品字形龙纹的间距很大，根据多件传世龙袍的纹样分析和比对，早期龙纹所占用的比例都偏大，以后的龙纹呈现逐渐缩小的趋势。这种风格的龙袍流行的时间大约在道光、咸丰时期，尽管有一定生产数量，但流行时间较短。

图 3-67 蓝色绸地刺绣龙袍（清晚期）
身长 138 厘米，通袖长 196 厘米，下摆宽 103 厘米

大概到同治时期，也许是达官贵族攀比富有所致，曾经流行一种肥大的款式，身长能到 145 厘米，下摆宽 120 厘米以上。龙纹比例很小，显得间距很大，很高的立水和密集的云纹一定很耗费工时，使得制作成本增加，笔者认为，这种现象除了导致产品价格昂贵以外，没有任何艺术价值可言（图 3-68）。

由于风俗习惯等原因，清代成熟男性服装很少使用红色，红色大部分是女龙袍，男龙袍比例较少，一般只有在结婚等特殊场合穿用（图 3-69、图 3-70）。此件龙袍工艺明显粗糙，由于市场竞争等因素，清代晚期有一定数量的龙袍工艺有偷工减料的现象，甚至有人认为这种龙袍是戏装，笔者认为这种说法是错误的，其根本原因在于工艺的粗细与成本相关，工艺精细程度不同会导致销售价格差距很大（图 3-71）。

图 3-68 紫色缎地刺绣龙袍（清晚期）
身长 142 厘米，通袖长 196 厘米，下摆宽 121 厘米

图 3-69 紫红色绸地刺绣龙袍（清晚期）
身长 140 厘米，通袖长 193 厘米，下摆宽 117 厘米

图 3-70 红色缎地刺绣龙袍（清中晚期）
身长 141 厘米，通袖长 196 厘米，下摆宽 113 厘米

图 3-71 酱红色缎地刺绣龙袍（清晚期）
身长 140 厘米，通袖长 190 厘米，下摆宽 112 厘米

三、纳纱绣龙袍

　　纱是一个广义的名词，通常人们把纺线称为纺纱，同时也把带有孔眼的布匹叫纱布。这里所说的纱，主要是指明清时期用于制作服装面料的纱。这种纱织成的织物是防暑服装的最佳面料，既有极好的通风透气的效果，也有较强的

装饰性。纹样在视觉上若即若离，有较好的层次感。为了既能避暑也不失礼仪，清代典章里"纱"是所用的面料之一，很多夏装都使用纱作面料。例如：夏朝服、龙袍、官服等。

纱织物中纹样的形成主要有两种，一般早期是通过绞经与不绞经的变化而形成暗花。明清时期大部分采用介入纬线的妆花工艺，即所谓妆花纱。但因为是半透明状态，多数不抛梭，介入纬线时采用全部回纬的方法。以后随着纺织技术的不断进步，纱织物的种类逐步增多，根据经纬关系变化的不同，孔眼的形状、大小也不同，主要有平纹纱、亮底纱、芝麻纱等。

到民国以后，纱织物孔眼的形状、大小，纹样的形成几乎是随心所欲的，可以设计成多种变化。为了使孔眼相对牢固，纱的经纬关系也是通过多种方式形成的。

纳纱绣的名称容易把工艺、所用的面料以及针法混淆，把绣纱、纳纱、戳纱和织纱都叫纳纱，实际上这四种针法是有较大区别的。

（一）戳纱

戳纱是纱绣里最为精细费工时的工艺，针法和纳纱近似，区别在于，纳纱是隔行穿越，是上下垂直的行针方法。而戳纱是按纱布的孔眼，45°角斜针穿越，不隔行。而且用的丝线较细，很费工时，所以这种工艺多数是小件的绣品。

因为戳纱工艺只能按照纱布细小的孔眼，不隔行斜向行针，针脚很短，所以是耗用工时较多的工艺。根据《清宫档案》记载，制作一件戳纱绣朝袍，地子合用2尺8寸宽的纱面料25尺，2尺1寸宽的石青直径纱6尺。绣工用各色丝线26两2钱4分，金线16两4钱。用绣工492个，绣金线工41个，画样设计等约16工，合计918个工时，两年零五个月。

图3-72所示龙袍的工艺精细，用金线以戳纱的针法纳万字不到头。山水、云纹等用彩色丝线，龙纹用平金绣法。如此细短的针脚和大面积复杂的图案，所耗费的工时是超乎想象的。

图3-73所示戳纱绣龙袍年代较早，行龙头朝上尾朝下，龙身很长，呈奔跑状，龙纹翻转的形式也很少见。龙袍没有衬里，平金龙的背面绣同样的金龙，所以正反面的龙纹相同。近些年故宫发表的龙袍图片里也有这种绣法，《清代宫廷服饰》第63页中黄纱双面绣彩云金龙纹单龙袍。戳纱工艺非常精细，正龙纹的姿态双爪举起，这种形状的龙纹多用于妆花工艺龙袍上，根据龙纹和丝线的色彩，龙的须发、眼睛的神态判断应该是乾隆晚期。

(a) 龙袍正面　　　　　　　　　　　　　　(b) 龙袍局部

图 3-72 蓝色纳万字底戳纱龙袍（清晚期）

身长 139 厘米，通袖长 186 厘米，下摆宽 103 厘米

图 3-73 香色纱地戳纱绣龙袍（清中期）

身长 143 厘米，通袖长 200 厘米，下摆宽 114 厘米

清代服饰制度与传世实物考 男装卷

（二）纳纱

纳纱工艺在纱绣工艺里数量最多，它是把丝线按纱布的孔眼，采用上下垂直的行针，有规律的隔行往返穿越，再通过色彩的变化形成图案，叫纳纱。一般纳纱工艺用的丝线较粗，绣品整齐规范，但因为行针方向、色彩变化都会有一定的局限性，视觉效果比较呆板。

通身的五彩云头，包括下摆的山水部分也添加上五彩花卉。显得龙袍琳琅满目，色彩饱满，在色彩搭配上很显华贵。这种没有立水，只有平水的龙袍流行时间较短，一般都在嘉庆、道光时期。龙袍整体工艺、构图都很精细规范，可能是时尚的原因，这种今天看来很规范合理的工艺设计流行时间很短。而高立水、几乎没有平水的龙袍却越来越多，快速发展。

所谓彩云头，就是在三蓝云纹的基础上，部分云头用红色或黄色，而云身、云尾仍是三蓝色。这种色彩搭配的方式从明末清初就有应用，最初是云头的一部分，后来逐步发展成整个云头用彩色，约道光时期发展到顶峰，往后越来越少，咸丰以后彩云头基本消失（图3-74、图3-75）。

纳纱工艺所用纱布的经线很细，纬线较粗，这对形成纱孔有一定的作用。刺绣时按纬线的行距决定针脚的长短，一般是两根纬线绣一针，有规律的上下垂直行针，再按图案的要求留水路和调换色线，以形成预定的图案效果（图3-76）。

由于清代的很多正式场合都需要穿多层服装，为了防暑又不失礼节，清代各种宫廷服装都擅长使用纱面料。但因为纳纱工艺需要按照纱布的孔眼行针，视觉效果较为刻板，缺乏灵活性。而且纳纱工艺比较费工时，在同等水平下，纳纱要比刺绣耗费较多的工时（图3-77~图3-79）。

图3-74 香色纱地戳纱绣龙袍（清中晚期）

图 3-75 蓝色纱地纳纱绣龙袍（清中晚期）
身长 140 厘米，通袖长 190 厘米，下摆宽 121 厘米

图 3-76 蓝色纱地纳纱绣龙袍（清晚期）
身长 133 厘米，通袖长 193 厘米，下摆宽 116 厘米

图 3-77 蓝色纱地纳纱绣龙袍（清晚期）

身长 134 厘米，通袖长 192 厘米，下摆宽 116 厘米

图 3-78 蓝色纳纱绣龙袍（清晚期）

身长 138 厘米，通袖长 192 厘米，下摆宽 118 厘米

图 3-79 蓝色纳纱绣龙袍
身长 140 厘米，通袖长 190 厘米，下摆宽 121 厘米

　　纱面料通风透气、特别适合炎热的夏天穿用。为了更透气，此类龙袍的纹样只用丝线勾勒出轮廓、做工简单、价廉，同时也符合法规，不失礼节，平金龙袍也有这种只勾勒轮廓的工艺，应该是工艺最简单的龙袍之一（图 3-80 ～图 3-83）。

图 3-80 蓝色纳纱绣龙袍（清中晚期）
身长 142 厘米，通袖长 192 厘米，下摆宽 120 厘米

图 3-81 蓝色纳纱绣龙袍（清晚期）
身长 141 厘米，通袖长 187 厘米，下摆宽 120 厘米

图 3-82 蓝色纳纱绣单龙袍（清晚期）
身长 137 厘米，通袖长 185 厘米，下摆宽 116 厘米

图 3-83 蓝色纳纱绣龙袍（清中晚期）
身长 140 厘米，通袖长 198 厘米，下摆宽 122 厘米

（三）绣纱

绣纱和在绸缎上刺绣工艺相同，所不同的是改用纱布作为绣品的面料，这种面料的变化给刺绣工艺增添很多困难，因为绸缎的面料经纬密度相对高，绣花丝线可以固定在任何位置，做任何排列，以达到要求的行针效果。但是在经纬都有一定距离的纱布上刺绣，还要把丝线排列整齐，操作难度很大。尽管这种工艺一般要在纱布的背面做些处理，但仍然需要很精湛的技术。

用丝线在纱布上刺绣的工艺大体有三种针法，即绣纱、纳纱、戳纱。每一种针法的操作过程都不同，绣品的视觉效果也有差别。绣纱和在绸缎上刺绣没有区别，可任意选择行针方向和行针距离，纳纱用的丝线较粗，是按纱布的孔有规律的上下隔行行针（针距等于两根纬线），横向相邻的绣线需隔一根纬线（相邻针脚都不在同一根纬线上）。戳纱是沿着纱孔排列方向的 45°斜向行针，不隔行（图 3-84、图 3-85）。

图 3-86 ～图 3-88 所示龙袍用透气的绞经纱作为面料，所有图案都用彩色盘线像平金一样盘绕形成，所使用的金线和绞盘线质量很高，盘绕的工艺、裁缝的缝制也精细规范，但云纹、龙纹构图明显业余潦草，不够规范，这种现象多出现在地方上村姑的绣品中，一些具有地方特点的小件中较为常见，像龙袍这种耗费工时的绣品都用专业画师，而此龙袍云龙纹构图应该是业余者所为。

按照正常社会规律，有买卖就有市场，清代官服规制使得制作、销售各种官服的市场蓬勃发展。根据清代官服的传世实物，各个产地的工厂作坊都可以制作、销售各种官员穿用的服装，这也是造成清代官服工艺差距大的主要原因，文武百官可以随意的购买不同工艺，甚至不同风格的官服，这种供需结构，加上清政府疏于管理，使得越来越混乱的现象成为必然，所以越到晚清，官员制服不符合清朝典章的现象越加严重。

图 3-84 紫红色绣纱绣龙袍（清中期）
身长 140 厘米，通袖长 194 厘米，下摆宽 116 厘米

（a）龙袍正面　　　　　　　　　　　　　　　（b）龙袍局部

图 3-85 红色芝麻纱地绣龙袍（清晚期）
身长 138 厘米，通袖长 186 厘米，下摆宽 118 厘米

图 3-86 咖啡色绣纱龙袍（清中晚期）
身长 141 厘米，通袖长 190 厘米，下摆宽 120 厘米

图 3-87 咖啡色纳纱龙袍（清中期）
身长 138 厘米，通袖长 194 厘米，下摆宽 112 厘米

图 3-88 咖啡色纳纱绣龙袍（清中晚期）
身长 140 厘米，通袖长 194 厘米

（四）织纱

织纱的工艺形成年代较晚，属于妆花工艺的革新。大体是用织布机妆花回纬的方式，把需要显花的部分用丝线重纬的方法插入，形成各种图案。纹样是织机织出来的，速度比前面几种工艺有大幅度的提高，生产成本也相应降低。

在传世实物中，以上四种工艺的宫廷服装都占有一定的比例，以下把这四种工艺的龙袍分别做以介绍。

到清代晚期，随着纺织工业的发展进步，创造性的发明了这种半机械化的妆花工艺，基本结构和楼机妆花近似，通过重纬而形成所需图案，但不长距离抛梭，这种工艺的龙袍多为绸地，也有纱地，但可能是技术原因，未曾发现缎组织（图 3-89）。

四、平金绣龙袍

用细线钉补的方式，按图案需要把金线固定在绸缎的表面，以色彩变化来显示纹样的属于钉补类绣品，比如盘线绣、盘金绣、栽绫绣等。此类绣品多以盘绕或钉补的形式显示绣品的纹理。因为凸出于织物表面，视觉上很有质感。

图 3-89 紫色妆花纱龙纹袍（清晚期）
身长 138 厘米，通袖长 196 厘米，下摆宽 110 厘米

但和丝线绣比较，由于针线走向不能随意变化等原因，缺乏丝线的光泽和晕散，色彩上也比较单一，所以这种工艺常常和刺绣工艺结合使用。

自古以来，酷爱黄金的国人想尽一切办法把黄金制作成各种配饰用以显示财富和地位，但是无论怎样悬挂、挂在什么位置都有一定的局限性，如果能够把黄金直接使用在服装上，无论是纹样变化还是位置的选择都是配饰所无法比拟的。先人们绞尽脑汁，想办法把黄金应用在服装面料上，于是，纺织业领先于世界水平的中国人成功研制出一种贴有黄金的线，名曰片金线，随之广泛使用于高档纺织品中，其工艺简单说就是把黄金敲打成极薄的片，俗称金箔，然后黏附在特制的纸上，再切割成线，使用时根据需要随纬线嵌入纺织品中。

若干年后，人们又发明了把金箔缠绕在丝线或棉线上，成了真正意义上的圆形金线，名为捻金线，由于超常的靓丽、灿烂的效果，捻金线很快就普遍使用在刺绣工艺上。

17 世纪以前的蜀绣平金工艺用于主体图案时，龙纹、麒麟等图案大部分先用很粗的棉线把鳞片部分纳成突起的鼓包，然后把金线按凹凸的顺序固定在上边。这样整体看起来鳞片是突起的，很有动感。在细小的部分，比如植物的枝杈等，也是按图案的走向排列。

到清代中晚期，这种风格的平金工艺逐渐消失，改变为根据纹理的需要，把金线尽量长地平铺在所需图案上。在需要平鳞片时，按鳞片扇形轮廓的最大边缘向最小处平排，这样平鳞片的效果比较形象，但因为很小的鳞片折返太多，又都在一个平面上，整体感觉金线较为松散，也缺乏立体感。而苏绣是用鳞片的最大边缘压住前面的鳞片，使鳞片之间有所重叠，这就很好地解决了这个问题。

图 3-90 所示龙袍，这也许是年份最早的全平金龙袍，排列比较稀疏无序。纤细而且延续较长的单尾云纹，平水高立水短（与乾隆前、后期相比），均为乾隆晚期的风格，应该是早期全平金的实物资料。

全平金工艺的龙袍整体年代较晚，根据纤细而延续较长的单尾云纹，此龙袍应该是乾隆晚期的，其构图方式及其工艺与同时期的龙袍相同，但早期使用的金线比较纯正、颜色亮丽。根据实物，整体变化是年代越晚低含金量的产品比例越多，色泽也泛暗，接近于铜的颜色。

图 3-90 蓝色绸地全平金龙袍（清中期）
身长 141 厘米，通袖长 200 厘米，下摆宽 118 厘米

图 3-91 所示这类平金龙袍年代较早的很少见，云纹明显排列整齐有序，延续也短，但根据纹样、金线颜色等整体风格，相对于上两件，此龙袍稍晚。

　　图 3-92 所示平金龙袍盛行于清同治以后，此龙袍工艺精细，是平金龙袍中的精品。

图 3-91 蓝色绸地全平金龙袍（清中晚期）
身长 141 厘米，通袖长 200 厘米，下摆宽 121 厘米

图 3-92 蓝色全平金龙袍（清晚期）
身长 135 厘米，通袖长 200 厘米，下摆宽 115 厘米

同治以后，全平金龙袍明显增多。可能先是市场需求的增多，另外平金工艺也有很华丽的视觉效果。这个时期的部分金线含金量较少，加上金线制作的进步，使得全平金工艺并不增加劳动成本，这些都促成了平金工艺的快速发展（图 3-93）。

全平金龙袍带有十二章纹的很少。图 3-94 所示龙袍为网格地，工艺复杂精细。2014 年保利拍卖公司有个名人的专拍，其中有一件全平金十二章纹龙袍。年代、工艺包括纹样都和这件龙袍近似。

图 3-93 蓝色平金龙袍（清晚期）
身长 142 厘米，通袖长 202 厘米，下摆宽 110 厘米

图 3-94 蓝色全平金十二章纹龙袍（清晚期）
身长 144 厘米，通袖长 200 厘米，下摆宽 121 厘米

龙袍多采用勾莲底的构图方式，几乎用金线盘满、很少暴露底色，在视觉上金光灿烂。浓密的图案很难看清纹理，可能因为工艺复杂相对耗费工时，这种图案的平金龙袍传世较少。2015年北京保利举办的中国台湾某艺人专场拍卖会有一件，工艺、年代、构图风格和此件龙袍基本相同（图3-95、图3-96）。

图 3-95 蓝色全平金万字底龙袍（清晚期）
身长 141 厘米，通袖长 196 厘米，下摆宽 120 厘米

图 3-96 蓝色全平金勾莲底龙袍（清晚期）
身长 140 厘米，通袖长 192 厘米，下摆宽 115 厘米

平金龙纹时，用鳞片最大的边缘压住前一排的两个鳞片之间，把前面鳞片的回折处遮盖住，使鳞片的最大边缘和前面重叠，这种方法平出的龙鳞显得更加形象立体，也和实物接近，形象的造成相邻两排鳞片间的错位（图3-97）。

平金工艺在视觉上漂亮与否很大程度上取决于金线的质量，如含金量多少、金线粗细等因素。这种清晚期的全平金龙袍，金线粗细、盘金工艺等差距很大。部分粗糙的甚至只用金线勾勒出图案的轮廓（图3-98～图3-103）。

图 3-97 蓝色全平金龙袍（清晚期）
身长 142 厘米，通袖长 192 厘米，下摆宽 116 厘米

图 3-98 蓝色全平金龙袍（清晚期）
身长 140 厘米，通袖长 192 厘米，下摆宽 116 厘米

图 3-99 蓝色全平金龙袍（清晚期）
身长 138 厘米，通袖长 193 厘米，下摆宽 108 厘米

图 3-100 蓝色全平金龙袍（清晚期）
身长 142 厘米，通袖长 192 厘米，下摆宽 120 厘米

图 3-101 蓝色全平金龙袍（清晚期）
身长 140 厘米，通袖长 195 厘米，下摆宽 120 厘米

图 3-102 蓝色平金龙袍（清晚期）
身长 140 厘米，通袖长 192 厘米，下摆宽 110 厘米

图 3-103 蓝色平金龙袍（清晚期）
身长 140 厘米，通袖长 192 厘米，下摆宽 110 厘米

图 3-104 所示平金龙袍的构图方式是典型的广东潮州绣风格，相对柔软靓丽的金线、超比例的方形龙头、相对短小的龙身，以及细小不规则的云身，都是潮州平金绣的突出特点。

图 3-104 蓝色全平金潮州绣风格龙袍（清晚期）
身长 142 厘米，通袖长 195 厘米，下摆宽 122 厘米

平金龙袍和其他绣品一样，不同地区产品的构图、针法等也有一定的差别。龙袍所用的金线柔软，而且比其他绣种金线稍粗，龙纹的头部相对较大，龙身较短而且缠绕僵硬，有明显的广东潮州绣风格，同时也符合潮州绣善用金线的风格特点。所以，图 3-105~ 图 3-108 所示龙袍应该是具有代表性的潮州风格的绣品。

图 3-105 蓝色全平金龙袍（清晚期）
身长 140 厘米，通袖长 190 厘米，下摆宽 115 厘米

图 3-106 蓝色平金潮绣风格龙袍（清晚期）
身长 136 厘米，通袖长 180 厘米，下摆宽 108 厘米

(a) 苏绣风格平金龙纹图之一

(b) 苏绣风格平金龙纹图之二

图 3-107 苏绣风格平金龙纹图

(a) 广东潮绣平金龙纹图之一

(b) 广东潮绣平金龙纹图之二

图 3-108 广东潮绣平金龙纹图

五、七品龙袍

图 3-109 所示，清代典章规定文七品蟒袍为五蟒皆四爪，纹样为下摆前后共四条行龙，从前胸至两肩一条缠绕的龙纹。但在传世的实物中却很难看到这类龙袍。按照典章和正常的社会结构，官服每降低一个级别，留存在世的数量会数倍增长，照此推断七品龙袍的传世数量也应该较多，但实际上清晚期的这种五龙的袍服传世实物极少，尽管笔者接触过很多龙袍，但也只在英国朋友的藏品中看到过图 3-111 所示这一件传世实物。按理这种现象不符合当时的实际情况，因为只有官员级别越高，总体数量才越少。之所以出现这种现象应该和龙纹的四爪、五爪、朝袍下裳的小团龙一样，朝廷确实曾有法规，但是因为疏于管理，现实社会很少执行。

图 3-110 所示龙袍上半部分只有一条龙纹，所以只有正面能够看见龙头。

多数早期的过肩龙款的袍服，上身是两条龙纹盘绕，前后都有相对称的龙头。按照龙的纹样符合七品蟒袍的规定，但是款式不符合袍的形式，有可能是汉人七品官的夫人穿用。

为了让读者对文七品蟒袍有较直观的印象，笔者特别转载了图 3-111 这款龙袍。

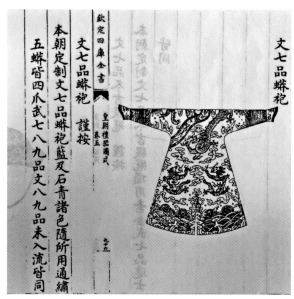

图 3-109 文七品蟒袍

图 3-110 蓝色织锦过肩龙袍（清早期）
身长 120 厘米，通袖长 162 厘米，下摆宽 108 厘米

图 3-111 蓝色刺绣过肩龙袍

六、妆花龙袍

妆花工艺，早在唐代就已使用，但妆花工艺的大范围传播应用大约为元末明初。妆花工艺是纺织产业的一大革命，其通过介入彩纬的方法，能够随心所欲的在所需位置织出任何图案。明清时期的妆花织物，在织造工艺技术上更趋成熟，得到了快速的发展和普及。特别是在江苏南京一带，妆花工艺的产品质量和数量远高于其他地区，成为南京云锦的代表性工艺，所以清代的妆花产品主要来自江苏南京一带。

妆花工艺是在原有地纬组织的基础上，在基本组织的两根纬线之间，添加彩纬的方式显花。根据图案的轮廓、色彩，在指定的部位采用介入彩纬的方式，植入丝线或金线而形成图案，就是所谓的挖梭妆花或者叫过管妆花。明显的优点是具有很大的灵活性，因为原有地纬的基本组织不变，图案部分的彩纬组织是双重的。可以在幅面范围内的任何经线之间介入，彩纬的沉浮仅限于纹样的部分，根据图案的需要，彩纬可以随意在经线之间折返（回纬），也可以任意在织物背面所需处穿越（抛梭），这就形成了织物反面有长短不一的浮线，是抛梭工艺的特征。

为了使布匹的表面平整，多数是每两根纬线植入一次，变换颜色时在从另一根的空挡处植入，以使原有的基本纬线保持平衡。一般植入的彩纬比基本组织的纬线稍粗，为了使图案明显，当植入的彩纬浮出布匹表面时，多数是每隔四根经线把彩线固定一次。实际上这时的纬线是双重状态，植入的彩纬线在表面，原有基本组织的纬线被彩线遮盖了。

因为每一个经纬关系和色彩的变化，都是由工匠按照画稿操作完成的，经纬组织和彩纬植入都根据图案的需要，可以人为的操作，具有很大的灵活性。显花方式是在原有的经纬组织间重纬而形成的，每一个纹样的形成都不是一成不变的，因此，这种工艺可以在任何纹理的织物上使用，无论基本组织是绸、缎、还是纱，彩色纬线介入的方法基本相同，业内习惯在称呼上随基本的组织而定了，图案织在缎纹上就叫妆花缎，在纱组织上叫妆花纱，罗、绸等以此类推。

这种工艺需要较复杂的织机、较大的场地和很多的资金投入，因为循环的变化，操作时要两个人准确的配合，技术上需要一定的熟练过程，这种前提需要一定的规模，一般小的作坊是难以完成的。在图案的设计上，要充分考虑成为件料后的视觉效果，即便是大的工厂，每改变一次图案也很难。所以一旦确定，图案变化相对缓慢，有的一种图案能够持续几年甚至几十年，特别是面料，归纳起来构图种类并不多。

妆花工艺在明清织物中占有很大的份额，品种涉及到几乎所有纺织品，但多数是事先设计好尺寸和纹样的服装坯料，妆花面料相对较少。

由于时代、产地风俗等多种原因，妆花工艺的名称很多，但使用哪个名称都觉得互相牵扯，故此，把妆花织物叫局部植入类织物较为确切（图3-112）。

(a) 妆花工艺正面示意图

(b) 妆花工艺反面示意图

(c) 妆花工艺显微局部

图 3-112 妆花工艺

第三章　男龙袍

人类社会发展的关键在于所使用工具的改革，纺织品业更直接的反映了这一点。在以农耕为主的明清时期，纺织工业是中国的主导性产业。由于纺织机械的不断改革，丝绸的经纬结构的变化由简到繁，始终在发展进步。

　　妆花工艺出现的年代较早，明末清初时期妆花锦缎已经发展到高峰。清早期的一些龙袍的纹样、工艺都很精细且规范。为了区分现存龙袍的年代，就必须找出某个时段特有的纹样或者款式，在这方面笔者花费了大量的时间和精力。

　　根据笔者多年的研究，总结起来大概以100年为一个时间段比较适当。当然，这里所说的只是个时段顺序的概念，只是大约顺序，并非绝对年代，每个时段都会有相对的误差。因为所有纹样、款式的变化，在生产和使用的时间上都是渐进的过程，都不是一朝一夕所能完成的。每个过渡肯定会有重叠的现象，但是对每个时期的纹样、款式的变化，在顺序上有个明确的排列，对于清代宫廷服装的发展过程的描述会更加清晰。笔者分三个阶段来解释清代妆花龙袍的年代变化过程。

　　这一时期龙袍云纹和其他纹样的细微变化很多，龙纹整体看明显的变化主要有三种，按照大体年代顺序为：

　　（1）明末清初的大龙纹时期（大约17世纪晚期）；

　　（2）下摆飞龙纹时期 （大约18世纪中早）；

　　（3）下摆坐龙纹时期 （大约18世纪中晚期）。

　　龙袍的款式变化不大，基本上都是大襟长袍，但早期的领袖变化较多。

　　查阅史料，包括《大清会典》《皇朝礼器图式》等对于龙袍的纹样、款式、色彩、镶边等都做出了详细的规定。在袖口上，要求用石青片金缘，袖端正龙各一，但对于马蹄袖的颜色并没有规章，所以导致清代早期龙袍的马蹄袖变化很多，早期多数和龙袍是同一种颜色，也有的用石青色。

　　对托领部分，典章明确规定石青片金缘，但没有要求一定要有几个龙纹，更没有规定什么样的云龙纹，所以乾隆以前的龙袍多数只有石青片金缘，没有晚期常见的石青色、带有龙纹的盘领（托领）。

　　马蹄袖和袍身之间连接的部分，一般业内叫接袖。包括接袖中的横纹，乾隆以前（确切的说是乾隆三十一年以前）有的龙袍没有接袖，有的有接袖，或有或无典章没有相关规定。

　　从清初到乾隆中期，领袖部分没有明确的时代特征，基本处于一种随意的状态。很难在领、袖、接袖、马蹄袖的变化上找出规律，从而排列出年代的顺序。实际上，清代中晚期较稳定的托领形状、云龙纹样等都没有发现相应的法规。所以，把无龙纹托领或无接袖的龙袍说成戏装，或者其他服装应该不够准确。如《斯文在兹孔府旧藏服饰》第88页中的蓝缎织金蟒袍无托领、有和蟒袍同样颜色的马蹄袖（图 3-113）。

图 3-113 蓝缎织金蟒袍（无托领）
图片来源：《斯文在兹孔府旧藏服饰》

（一）大龙纹袍

明代晚期到雍正以前，是龙袍工艺精细规范、变化频繁的特殊时段。近些年业内有人把这一时期叫断代期，笔者觉得非常恰当。所谓断代期是明代到清代的过渡时期，也是一个政治上不稳定时期，从服装上看年代跨度较长。这一时期的龙袍，纹样和种类的变化都相对较快。龙袍的款式也逐步增多，对这个时段的龙袍进行分析，了解龙袍的演变过程、年代的衔接。

纺织品是需要很多个工种互相配合才能完成的，其生产环节多，相互依赖性强，需要较多工人和相应的场地，并需有一定的规模。从前期的设计纹样款式到纺织织造出服装坯料，需要较长时间。因此，一旦确定了样本，不会轻易改变，往往同类产品生产时间较长，生产数量也多。所以织锦龙袍的纹样变化并不十分杂乱，但不同时期的构图纹样和色彩特点变化明显，而这种变化对龙袍年代的判断提供了很好的依据。

在人类的历史中，改朝换代也许会发生在一夜之间，但服装服饰的更换需要较长的过渡时间。明和清两个朝代对于官服的转换更是如此，大约从明末一直到清乾隆中期，尽管清王朝建立之初就对官用服装建立典章，并在康熙、雍正时期屡次修改，从史料和传世实物都能反映出，始终处在一种不确定的状态。

实际上故宫博物院也藏有多款这一时期的龙袍和很多种宫廷服饰，如《故宫博物院藏文物珍品大系·明清织绣》（上海科学技术出版社、商务印书馆（香港）有限公司）一书第4页、第8页和第181页等龙纹的位置、形状等都属于明末清初时期的纹样。根据一些历史资料，如《皇朝礼器图式》中，清代服饰的典章到乾隆三十一以前年才真正完善，具体明确规定了什么阶级、什么场合需要穿什么色彩、款式和纹样的服装，明确了皇帝要穿明黄十二章纹龙袍等，细化了每个品级的服装制度。

明末清初是两个朝代官服的转型期，出现上述现象应该也在情理之中。从历史上看，明末清初的过渡时期，服饰转型经过几番周折，开始时，汉族人从心理上抵制满族人的统治，更不愿意遵守满人的风俗习惯，致使态度强硬的清朝政府不得不做出部分让步，在服装上也实施"男从女不从"的法规。

图3-114所示是一款不在典章记载内的龙袍，查阅资料，2001年出版的《北京文物精粹大系》一书中第178页"蓝织金子孙龙妆花缎蟒袍"、第98页的明万历"拓黄织金龙云肩通袖直身妆花缎袍料"都和这款龙袍近似，这种款式在业内和一些拍卖会上偶尔也能见到。

这一时期的龙袍的龙纹多数是行龙，龙纹的须发飘逸，分多绺卷向龙头顶上方，白色眉毛清晰向上，鼻梁偏长，龙头偏大，整体龙的身体翻转线条流畅，神态凶猛，是有史以来纹样设计最为成功的龙纹。云头较大而云身很短，甚至没有云身，以多云尾的四合云为基本形状，这些都是明末清初时期才有的特点。

这款龙袍的下摆左右各有一条头向下、龙尾翘向上方的行龙纹，是17世纪常用的龙纹，乾隆以后除了部分汉族命妇穿的霞帔、寺庙里的神衣使用这种龙纹外，清代宫廷服装很少使用这种龙纹。

从云纹的发展过程看出，云纹主要是为陪衬龙纹而存在的。明清时期每个时期官方都对龙纹有较具体的典章规定，而对数量很多、占用面积很大的云纹从来没有制定任何法规，可以随意变化。所以云纹的变化更具有时代特征，可以作为断定龙袍年代很好的依据。

元代织物上的云纹多数一个云身上面顶着一个云头，整体像蘑菇状，尽量以规则的构图陪衬主体图案。明代中早期，织绣品上的云纹大部分是横向的，螺旋形的云头相对较小、云身肥大、云尾较短，呈现不规则的块状。到明代中晚期，螺旋云头的形状逐渐清晰规范，根据空白处的形状大小，用组合的方法把多个云头、云尾连在一起，整个云朵也有逐渐增多、肥大的趋势（图3-115）。

(a) 龙袍正面

(b) 龙袍背面

图 3-114 蓝色妆花缎大龙纹龙袍（明末清初）
身长 138 厘米，通袖长 145 厘米，下摆宽 121 厘米

(a) 龙袍正面

(b) 龙袍背面

图 3-115 蓝色妆花缎大龙纹袍（明末清初）
身长 140 厘米，通袖长 162 厘米，下摆宽 118 厘米

断代期全部采用金线工艺的龙袍较少，原因是金线不如丝线柔软，而这种需要回纬和抛梭的妆花工艺，如果用较硬的金线容易变形。比较起来捻金线比片金线相对柔软，所以图3-116所示龙袍大部分图案使用捻金线，只使用少量的片金线作为点缀。

(a) 龙袍正面

(b) 龙袍背面

图 3-116 蓝色金线妆花缎大龙纹袍（明末清初）
身长 141 厘米，通袖长 162 厘米，下摆宽 119 厘米

图 3-117 所示四条大龙纹的袍服多数是行龙纹，正面龙的很少，龙纹的身躯和行龙基本相同，只是头部脸朝前，神态也没有侧面龙更有动感。清早期的龙袍明显多样化，各种款式、正龙纹和行龙纹，龙的数量和位置都比较杂乱。

图 3-117 红地妆花缎正面大龙纹袍（清早期）
身长 146 厘米，通袖长 140 厘米，下摆宽 120 厘米

这一时期龙袍的龙纹基本延续了明代的风格，整体构图轮廓较大。笔者通过很多件妆花龙袍实物的对比和查阅相关资料得知清初龙袍下摆的行龙像朝服的栏杆，是横向排列的。如《故宫藏珍品文物大系·明清织绣》一书第 11 页中"缂丝明黄地云龙万寿纹吉服袍料"，下摆的行龙纹就是横向排列，但这种龙纹流行时间很短，存世量很少。很快就变成头尾呈 45°的飞翔姿态（图 3-118）。

图 3-119 所示龙袍注重具体细节刻画，云龙纹等整体结构都与清早期比较近似，工艺都精细规范，故年代差距也不大。而今传世数量却比较多，说明当时也有比较多的生产。

（二）下摆飞龙

品字形龙纹的布局大约开始于 17 世纪末到 18 世纪初，随着这种品字形排列龙纹的发展和完善，致使大龙纹龙袍逐渐减少。这期间的龙袍开始是全部采用行龙，很快改变成前胸后背用正龙，两肩、下摆用行龙纹。随着清代典章的逐步完善，最终形成前后两肩正龙，前后下摆行龙的固定模式，之后这种纹样及品字形排列在整个清代龙袍上都在应用。

图 3-118 石青色五彩绣龙纹袍（清早期）
身长 135 厘米，通袖长 182 厘米，下摆宽 103 厘米

图 3-119 蓝色妆花缎龙纹袍（清早期）
身长 140 厘米，通袖长 145 厘米，下摆宽 115 厘米

  图 3-120 所示龙袍的云龙纹和《清代宫廷服饰》第 177 页"石青缎织金龙纹棉蟒袍"的风格近似。龙纹的比例明显较大，龙身翻转灵活多变，前后两肩都是头向一侧的行龙。整件龙袍没有正龙，这种龙纹应用时间较短，传世数量很少。

  大块有尾云朵，较短的如意平水，没有立水，是典型的雍正以前的构图风格，图案相对零碎（见图 3-115，蓝底妆花缎大龙纹龙袍）。这种构图方式在织造过程中会简单很多，且不失雄壮、华丽之感，所以更适合妆花工艺。

图 3-121 所示龙袍的龙纹比例较大，龙纹脊背上白色的翅大而尖直，正龙头脸比较肥胖，只有很少的平水，没有立水，云纹基本横向排列，以上都是清早期的特点。正常情况下，清早期一般没有接袖和托领。仔细看这件龙袍发现托领、接袖、马蹄袖在工艺、色彩上都明显不是同期做成的，这种现象在早期龙袍中较为常见，推测是使用早期的龙袍坯料，后人按当时的风格缝制的。

图 3-122 所示龙袍龙纹偏大，袍身的主要面积都被龙纹所占用，彩色大块多尾的云纹比较稀少，龙纹的眼眉向上，部分须发卷向头顶，花格肚脐，下摆的行龙呈飞行姿态。江水海牙的特点是层数少，平水比较低，基本没有立水，这些都是清代早期的特点。

（a）龙袍正面

（c）龙袍局部 　　　　　　　（b）龙袍背面

图 3-120 杏黄色妆花缎地龙袍（清早期）
身长 142 厘米，通袖长 198 厘米，下摆宽 116 厘米

由于年代较为久远，这个时期大部分龙袍的马蹄袖和衬里被后人换过，这些龙袍历经三百余年，保存仍基本完好实属不易，即便有些残缺，但对于古代服装的款式、纹样和纺织工艺等的研究仍然是无可替代的（图3-123、图3-124）。

图3-125所示龙袍的领子部分被改成了交领的形式，但是明显可以看到领子遮盖了两肩的云纹，正面的斜式领也遮盖了云纹和火纹，这说明袍料本身还是圆领的。这种龙袍除了没有托领、接袖以外，单就龙纹的排列位置和整体的形状基本已经定位。以后整个清代的龙袍大多数都沿用了这种形式，只是云纹、海水、八仙等每个时段都有较明显的变化。

妆花，即局部植入彩线，采用回纬和抛梭相结合而形成图案的方法。根据图案和颜色的需要，在有地纬的前提下，在指定位置的经纬之间介入彩纬，形成所需要的图案，在经线和纬线中间添加丝线或金线。所有图案都是在固定的位置添加彩线，形成重纬组织，根据纹样的需要，介入是随意的，可以在面料的任何一点开始或结束。妆花织物如果不添加其他色线，经纬组织是正常的绸、缎或者纱，名称随着其经纬组织的变化而得名，显缎纹组织的叫妆花缎，绸组织的叫妆花绸，以纱为基本组织的就叫妆花纱。

在妆花织物中，抛梭和回纬是结合操作的，根据需要，色线介入的沉浮可

图3-121 棕色缎地妆花龙袍（清早期）
身长142厘米，通袖长186厘米，下摆宽110厘米

以抛梭，也可以用回纬的方法。完全根据图案跨越幅度的大小，按工人的意志进行。这种方法需要很高的技术含量，织同样的物品，有的妆花织物背后比较

平整，长距离跨越的丝线很少，说明使用回纬的方法较多。这种工艺多数是能工巧匠所为，一般初学者用抛梭方法的比例较多，织物的背面有很厚的丝线。

图 3-122 香黄缎地云龙纹袍（清早期）
身长 143 厘米，通袖长 178 厘米，下摆宽 118 厘米

图 3-123 黄色妆花缎龙纹袍（清早期）
身长 140 厘米，通袖长 178 厘米，下摆宽 110 厘米

图 3-124 香黄色妆花缎龙纹袍（清早期）
身长 138 厘米，通袖长 175 厘米，下摆宽 120 厘米

图 3-125 黄缎地云龙纹袍（清早期）
身长 141 厘米，通袖长 180 厘米，下摆宽 121 厘米

和刺绣相比，妆花工艺的龙袍更具有明显的时代特征。因为织成工艺的纹样设计需要固定的程序，要投入大量的人力、物力，所以一旦形成就要维持相当一段时间，而刺绣工艺的图案变化起来是相对容易的（图3-126~图3-129）。

清早期的部分龙袍，领子部分的云纹明显被托领遮挡。这种现象应该和织造坏料和缝制龙袍的时间差有关。因为坏料的纺织和龙袍的缝制是两种完全不同的工种，两者没有必然的联系。宫廷造办处对坏料的预定数量一般会远多于使用数量，往往会造成大量坏料的积压。在操作程序上，一般是先把坏料织好并妥善存放，等使用时让裁缝裁剪、添加衬里等缝制成成衣。所以从织造坏料到缝制龙袍间会有一定的时间差，这种时间差有时会有几十年、甚至更长的时间，由于坏料的织制和使用的时间不同步，才会导致以上现象的发生。《清代宫廷服饰》一书中第177页"清嘉庆石青缎织金龙纹锦蟒袍"也有类似说法。另外，清王朝被推翻以后，宫廷服装在一夜间失去了原有的意义，多数流失在社会上的宫廷织绣品被拥有人按照自己的需要进行改动和使用。

图 3-126 蓝缎地云龙纹袍（清早期）
身长 140 厘米，通袖长 190 厘米，下摆宽 118 厘米

图 3-127 黄缎地云龙纹袍（清早期）
身长 142 厘米，通袖长 186 厘米，下摆宽 120 厘米

（三）下摆坐姿龙

大约 18 世纪早期，前胸、后背及两肩全部改为正龙，17 世纪晚期两肩行龙较多，部分前后也是行龙（图 3-122、图 3-124）。早期下摆的龙纹基本上还在延续 17 世纪晚期的飞龙姿态，到雍正以后坐姿龙逐渐增多，之后绝大多数改为坐姿龙纹。

18 世纪的云纹大体上是由短肥到瘦长，再到短肥。云身的弯曲由少到多，再到少。龙袍上云纹的数量是由少到多的发展趋势。早期的云纹比较肥大，云头大，云身、云尾短。

约到乾隆时期，妆花龙袍同时流行两种云纹，一种是云头小，云身、云尾明显延长，纤细灵活。还有一种是肥短的云纹，这种云纹明显肥短的云身，少而肥短的云尾，大体呈块状。比早期的云纹数量有所增多，排列也日渐整齐。

图 3-130 所示龙袍纹样的设计堪称完美，龙纹纤细流畅，大朵的云纹清晰飘逸，加上高高卷起的海浪，整体纹样和色彩和谐优美，是清代龙袍最为成功的设计之一。前后正龙的中间有一个圆形吉祥图案，这种构图形式传世较少，多数龙袍相同位置的图案是火。

图 3-128 黄色妆花缎龙袍（清早期）
身长 142 厘米，通袖长 188 厘米，下摆宽 110 厘米

图 3-129 黄色妆花缎云龙纹袍（清中早期）
身长 139 厘米，通袖长 202 厘米，下摆宽 115 厘米

图 3-130 石青妆花缎云龙纹袍（清早期）
身长 144 厘米，通袖长 200 厘米，下摆宽 121 厘米

　　妆花工艺的龙袍，下摆的龙纹呈坐姿的一般比飞龙姿态的形成年代稍晚。龙纹和云纹稍显粗短，正龙纹的比例有所加大，这种龙袍年代大约在雍正到乾隆早期，是妆花工艺和构图最完美的时期，整体工艺都很精细。

　　清早中期除了少量的特例外，主要还流行一种块状云纹的龙袍，这种龙袍色彩和龙纹的构成都很协调合理，流行时间也比较长，传世数量在妆花龙袍中最多（图 3-131、图 3-132）。

　　清代早期这种款式的龙袍不使用接袖，在织造时直接把袖子织完。袖端的江水海牙也不设置在袖襕中间，而是延顺到袖端和马蹄袖连接处，马蹄袖和龙袍使用相同颜色。根据较多的传世实物，这款龙袍在当时织造的数量应该很多，但流行时间较短，之后又恢复了接袖的使用（图 3-133）。

　　图 3-134 所示妆花龙袍通身织有很明显的大寿字，有可能是过寿时穿用。

　　笔者曾经问过对纺织工艺较内行的人，这样一件织满地龙袍所用的工时至少相当于一般妆花龙袍的三倍以上，可谓不惜工本之物。

图 3-131 红色妆花缎云龙纹袍（清早中期）
身长 139 厘米，通袖长 200 厘米，下摆宽 115 厘米

图 3-132 淡青色妆花缎龙袍（清早期）
身长 140 厘米，通袖长 197 厘米，下摆宽 118 厘米

图 3-133 黄色妆花缎龙袍（清早期）
身长 144 厘米，通袖长 196 厘米，下摆宽 120 厘米

图 3-134 黄色妆花绸地团寿云龙纹袍（清中期）
身长 140 厘米，通袖长 201 厘米，下摆宽 120 厘米

在妆花工艺上，图 3-135 是笔者看到过的最为复杂的龙袍。这种工艺没有底色，整件袍服的所有面料都植入彩色丝线。这种工艺很少回纬，主要用抛梭的方法，所有图案的织法用显斜纹的绸组织。2008 年紫禁城出版社出版的《天朝衣冠》一书第 59 页"明黄色满地云金龙妆花绸女锦龙袍"在工艺和年代上与之近似。

曾经有人问织锦和刺绣哪种工艺更费工时，实际上两者是没有可比性的。同样的图案和刺绣面积，使用粗细不同的工艺，所用的工时可以相差很多倍。妆花工艺也是如此，都是妆花龙袍有的需要两个月，有的则需要两年。相同的工艺，差距都如此巨大。

图 3-135 满地妆花锦云龙海水纹龙袍（清中期）
身长 142 厘米，通袖长 200 厘米，下摆宽 118 厘米

图 3-136 所示龙袍是 2012 年在嘉德拍卖买到的。受朋友之约，笔者曾经到北京懋龙外贸公司去了一次，看见了公司的 60 多件宝贝，除了几件民间绣品外，几乎全部是清代早期的龙袍。绝大多数是云锦工艺，整体看上去没有穿用过，多数品相较好，当时衬里已经全部拆除。由于很早就认识青海、西藏地区的朋友（社会上流传的妆花工艺的龙袍，绝大多数来自青海、西藏地区），加之笔者注重藏品年代、工艺和纹样变化等原因，多数早期的云锦龙袍都为笔者所藏，一次性看见了这么多更是"垂涎三尺"。作为鉴定人的笔者，得到了公司领导热情的接待并共进午餐。其间他们领导给笔者讲到了这一批宫廷服装的来历，龙袍是 20 世纪六七十年代经过政府批准，由故宫博物院无偿分配给北京工艺品

外贸公司的。由于种种原因没有顾得上卖掉，前几年北京工艺品外贸公司倒闭，因为同属北京市国有外贸单位，所以全部转给了懋龙公司。现在公司想把这批龙袍卖掉，经笔者建议，他们也认为最合理的就是拍卖。经过两个拍卖公司三场拍卖，笔者尽最大努力拍到了 43 件，这是其中之一。

图 3-136 红色妆花缎云龙纹龙袍（清中期）
身长 140 厘米，通袖长 198 厘米，下摆宽 118 厘米

由于妆花的工艺特点，团寿纹的构图方式很少见，妆花工艺是把色线植入在原有经纬之间，通过回纬或抛梭形成纹样。在操作过程中，图案越琐碎，每一次通梭的操作就会越复杂。为节省工时，降低生产成本，妆花工艺的构图一般轮廓较宽大。此龙袍除龙纹和云纹以外，添加了很多小团寿，意为百寿，密集的小团寿里面的横竖笔画，会给织造者增添很多困难，所以这种图案的妆花龙袍很少（图 3-137、图 3-138）。

图 3-139 所示 1995 年出版的《锦绣罗衣巧天工》一书第 59 页刊登的一件白色织锦龙袍与图 3-140 所示龙袍基本相同。书中介绍的领口部分是典型的 18 世纪早期的特色。这款龙袍正龙很大，行龙纹却很小，色彩和云、山水等纹样也很近似，应该是同一时期的产品。整体看流行时间不长，但有传世数量较多，说明当时有一定的产量。

这一时期的龙袍前后的正龙明显大，大约占整个袍服的一半。两肩的正龙也相对较大，云纹较肥大而相对稀少。行龙的眼眉直立向上，须发卷向头顶上方两根以上，正龙脸颊比较肥胖，感觉为方脸。这种构图方式的龙袍有较多传世量，有各种颜色，而且云龙的构图比例、色彩等似乎为同一个版本。年代普遍认同为雍正时期。DRAGON THRONE (作者 John E.Vollmer) 一书第 100 页刊"石青地妆花缎龙袍"是无托领、无接袖、有同颜色马蹄袖龙袍的典型（图 3-138 ～ 图 3-143）。

图 3-137 黄色妆花绸地寿字云龙纹袍（清中期）
身长 140 厘米，通袖长 201 厘米，下摆宽 113 厘米

图 3-138 明黄色妆花龙纹云锦龙袍（清早期）
身长 138 厘米，通袖长 200 厘米，下摆宽 110 厘米

图 3-139 《锦绣罗衣巧天工》第 59 页
白色妆花缎地云龙纹袍（清早期）
身长 140 厘米，通袖长 200 厘米，下摆宽 118 厘米

图 3-140 白色妆花缎地云龙纹袍（清早期）
身长 138 厘米，通袖长 198 厘米，下摆宽 118 厘米

图 3-141 黄色妆花缎云龙纹袍（清早期）
身长 140 厘米，通袖长 198 厘米，下摆宽 116 厘米

图 3-142 黄色妆花缎地龙纹袍（清早期）
身长 138 厘米，通袖长 186 厘米，下摆宽 118 厘米

图 3-143 所示龙袍是 2006 年在北京东正拍卖公司买到的，笔者曾多次为买到某一件龙袍而彻夜不眠。买此件龙袍是最严重的一次，曾经使笔者几天都坐立不安。笔者是很偶然的看见拍卖书的，当时觉得年代和品相很好，价格也比较便宜，决定去竞拍。提前三天预展，笔者和夫人很早就去了，当我们看到这件龙袍时，不约而同的看了对方一眼。这实际上是惊呆了，龙袍的品相远超出笔者的想象。由于特殊的时代、特殊的职业和当时的环境，笔者看到过的各种年代、工艺的龙袍非常多，但年代、品相都这么完美的龙袍并不多。于是，势在必得，回到家里还在热血沸腾。

一直到拍卖那天的三天时间里笔者最多白天打个盹，夜里没睡过，越是安静下来越不能入睡。总是想如何把那件龙袍买到手，笔者最怕的是如果竞拍价格太高怎么办？开始想超过二十万就放弃，后来决定超过三十万放弃，最后又决定到五十万，翻来覆去的想，就是睡不着觉。另外，资金不足的问题让笔者压力很大。笔者清楚的记得当时连续的几个拍卖会已经使笔者负债累累，想不出还能在谁那借到钱。好在最后到圈子以外，做服装买卖的朋友那里借到的钱。

其实，笔者几天的煎熬只是一场虚惊，当天笔者和夫人很早就做好准备，但又怕去太早碰见同行，熟悉的如果要求合伙不好推辞。不太熟的也怕对方过早的做好心理准备，导致价格抬高，在家焦虑的等到时间差不多了才去现场。结果拍卖比笔者预想的进行的要快，差点耽误举牌。最后笔者只用起拍价就买到了。唉！想起来这种虚惊好似笔者人生的道路，始终贯穿在笔者三十余年的织绣生涯里。太多的渴望给了笔者人生的动力，太多的追求和"贪婪"也把自己搞得疲惫不堪。

根据史料记载，清代宫廷龙袍的织造过程是，首先由造办处的相关人员设计、并画出所需物品的图样（小样），在经过上级审批，通过后再送到织绣的工厂，按照图样的颜色、要求的尺寸织绣成坯料。所以，坯料图案的设定，包括色彩、纹样的轮廓，应该是该物品的形状、尺寸的唯一标准。但是多数妆花龙袍已有几百年的历史，经历了改朝换代、人世沧桑，而从坯料到服装，还要有一个缝制的环节。而缝制则是完全按照使用的需要而为的，所以不管是坯料还是件料，有后人改动的现象在所难免（图 3-144）。

按正常情况，早期的龙袍一般没有接袖和托领。认真看现存龙袍会发现金边、接袖、马蹄袖在工艺、色彩上都明显不是同一时代的产品。这种现象在早期龙袍中较为常见，一般是使用早期的龙袍坯料，后人按当时的风格缝制的（图 3-145）。

图 3-143 粉红色妆花缎云龙纹袍（清早期）
身长 142 厘米，通袖长 198 厘米，下摆宽 120 厘米

图 3-144 黄色妆花绸云龙纹袍（清早期）
身长 140 厘米，通袖长 201 厘米，下摆宽 123 厘米

图 3-145 石青色妆花缎龙袍（清早期）
身长 140 厘米，通袖长 196 厘米，下摆宽 120 厘米

图 3-145 所示龙袍是香港佳士得承拍的。根据图录说明了解到该龙袍是一名德国人在 1938 年购得，属明清过渡时期龙袍，弥足珍贵，估价 250~300 万港币。1951 年出版的《中国龙袍》一书，Schuyler Camman 也说这种款式应该就是早期的宫廷龙袍。

实际上近些年故宫出版的书刊里也能反映出这种现象，有的接袖和龙袍为同一种颜色，有的接袖用石青色。如《天朝衣冠》第 52 页、53 页。多数托领和马蹄袖的色彩与龙袍相同，也有的不管龙袍什么色彩，托领、接袖、马蹄袖都用石青色。

现在出版物中刊载清早期朝袍实物较少，部分的实物领袖部分也不够规范，如托领遮盖的其他图案太多等。部分服装的坯料部分无可非议，但缝制的年代有待商榷，这一观点在《清代宫廷服饰》一书里也有类似论述。

其实，清代规定的服装并不是一成不变的，历经几百年有所变化是正常的历史规律。根据传世实物，早期龙袍的领袖部分使用的款式、色彩和纹样都是经过多次变化而最终确定的。

乾隆以前是妆花工艺的鼎盛时期，也是龙袍的云龙纹构图最完美的时期，这一时期的龙袍在款式、工艺、构图上都趋于成熟。整体看传世数量较多，工艺差距不大。纹样整齐规范且不失动感，色彩华丽饱满。龙纹脊背的翅短小而弯曲，须发均匀的围绕在龙头上方，行龙头顶上的须发只剩下一两根，龙身略显肥胖而规范，但缺乏早期行龙的凶悍。

从妆花龙袍坯料纹样的轮廓明显看出，早期大部分妆花龙袍没有托领。随着石青色托领的普遍使用，马蹄袖也改为石青色，到乾隆中期形成了清代龙袍固定的款式。

这一时期除了少量的特例外，主要还流行一种块状云纹的龙袍，这种龙袍色彩和龙纹的构成都很协调合理。流行时间也比较长，传世数量在妆花龙袍中最多（图3-146）。

图 3-146 黄色云龙纹袍
身长 140 厘米，通袖长 195 厘米，下摆宽 115 厘米

图 3-147 所示妆花缎龙袍残片保留了机头，有很好的参考价值。据考证，同德于清乾隆五十五年至五十七年任江宁织造监官。通过此件龙袍残片可以看出，机头距离龙袍下摆的立水大约 10 厘米。在正常情况下只要做成龙袍，机头肯定就裁剪掉了。这种还保留有机头的龙袍残片，是织造产地和用途的最直接的证据。有很多这种年代、工艺相同的龙袍（图3-148、图3-149、图3-164）因为机头已被裁掉，在年代上很难定位，有了这样的资料就能够基本确定此类龙袍的大致年代了（图3-147）。

（a）纹样　　　　　　　　　　（b）文"江宁织造臣同德"
图 3-147 带有机头的蓝色妆花缎龙袍残片（清早期）

图 3-148 和图 3-149 所示龙袍在妆花龙袍中传世数量最多。最突出的特点是云纹、云头很大，云身粗短，多数云团没有云尾，偶尔有少量粗短的单尾。根据云龙纹的风格推断，这种龙袍大约是乾隆时期设计最成功，产量较多的龙袍。

（a）龙袍正面　　　　　　　　　　　　　　　　　　（b）龙袍局部

图 3-148 黄色妆花绸云龙纹袍（清中期）
身长 140 厘米，通袖长 201 厘米，下摆宽 113 厘米

图 3-149 黄色妆花缎云龙纹袍（清中期）
身长 142 厘米，通袖长 183 厘米，下摆宽 122 厘米

石青色龙袍，年代一般都在乾隆以前，乾隆以后石青色龙袍很少见到，这种现象可能和外挂用石青色有关（图 3-150）。

图 3-150 石青色妆花缎龙袍（清乾隆）
身长 142 厘米，通袖长 196 厘米，下摆宽 118 厘米

清代织锦龙袍几乎全部为回纬抛梭类的工艺，主要有妆花和缂丝两种，由于缂丝工艺规模大小都能生产，工艺差别也较大，而且大部分年代较晚，产品的数量多，而妆花工艺需要一定的规模才能形成生产品，所以龙袍整体工艺相对规范，品质差距也较小（图 3-151）。

图 3-151 石青色妆花缎龙袍（清乾隆）
身长 144 厘米，通袖长 196 厘米，下摆宽 118 厘米

这件龙袍是 2006 年在保利拍卖公司买的，因为几个月前，嘉德拍卖公司有一件和这件年代款式相同，因为竞拍的是熟人，不好意思当面竞拍，笔者没有买到。所以这次精心安排，为万无一失，让笔者儿子到拍卖现场，同时也给笔者办一个电话委托，如果有人买，笔者在家里用电话竞拍。结果拍到这件龙袍时，由于当时笔者接电话时并不知道和谁竞争，竟然和儿子争了两手，弄巧成拙，多花了好几千元（图 3-152）。

　　早期龙袍上的龙纹比例较大，两肩的正龙也相对较大，龙纹凶猛，身体翻转流畅。乾隆以后逐渐肥胖、呆板，甚至于龙纹的每个部位都含糊不清（图 3-153）。

　　早期的妆花龙袍，除了常人禁用的黄色以外，乾隆及以前的男龙袍咖啡色比例相对较多。女龙袍多为红色，以后蓝色比例明显增加，基本不用石青，由于清代的多数外褂都明确规定需要用蓝或石青色，可能是色彩搭配的原因，清代晚期的龙袍多为蓝色，所以一般石青色龙袍年代较早（图 3-154）。

图 3-152 红色妆花缎云龙纹袍（清早期）
身长 141 厘米，通袖长 196 厘米，下摆宽 120 厘米

图 3-153 棕色妆花缎云龙纹袍（清早期）
身长 144 厘米，通袖长 190 厘米，下摆宽 122 厘米

图 3-154 石青色妆花缎龙袍（清早期）
身长 140 厘米，通袖长 186 厘米，下摆宽 118 厘米

　　北京服装学院博士研究生朱博伟给笔者看了现保存在八一电影制片厂仓库的一些图片，也是那个时期故宫调拨给他们拍电影用的道具，其中有甲胄、官帽等（图 3-155、图 3-156）。

图 3-155 石青色妆花缎云龙纹袍（清早期）
身长144厘米，通袖长196厘米，下摆宽120厘米

图 3-156 红妆花绸地云龙纹袍（清早期）
身长141厘米，通袖长198厘米，下摆宽120厘米

清早期的四合云、壬字云虽然视觉上很工整，但相对肥胖，缺乏动感。以后的云身开始延长，弯曲的弧度加大，方向也不拘一格。根据空白处的需要，可以向任何方向、任何长度延伸，云纹相对纤细，云身长而且明显弯曲。云头的大小、多少不等，并随意的长在云身上的任何位置。这种云纹流畅有动感，因为对称的云头加上较细的云身很像灵芝，有人称之为灵芝云（图3-157）。

图 3-157 红色妆花缎云龙纹袍（清早期）
身长 143 厘米，通袖长 200 厘米，下摆宽 121 厘米

　　清代中早期的龙袍，因为除了免褂期，多数场合龙袍外面需要套外褂，龙袍袖子的部分相对瘦长，马蹄袖也明显小，到清晚期，随着外褂袖口的逐渐加宽，龙袍的袖子、马蹄袖也越来越宽大（图 3-158、图 3-159）。

图 3-158 黄色妆花缎云龙纹袍（清早期）
身长 142 厘米，通袖长 188 厘米，下摆宽 121 厘米

图 3-159 棕色妆花缎龙袍（清早期）
身长 140 厘米，通袖长 196 厘米，下摆宽120 厘米

妆花龙袍和同历史时期的其他事物一样，也经历了一个盛衰的过程，乾隆以前的妆花龙袍明显多于刺绣工艺的龙袍。乾隆以后，灵活多变、色彩丰富的刺绣和缂丝工艺盛行，导致刺绣、缂丝的工艺快速增多，而很费工时的妆花龙袍几乎绝迹，到清代晚期也有一些妆花工艺的龙袍，但质地明显松软，构图也相对呆板。

由于刺绣龙袍年代较晚，传世数量较多，人们感觉刺绣龙袍在数量上也相对多，这种现象实际上不仅仅体现在龙袍上，几乎所有刺绣和织锦的物品，在不同年代的数量对比上都有这种现象。

纬线一次性穿越织物的整个幅面，叫通梭。介入的纬线一次跨越多跟经线，叫抛梭。根据图案颜色的需要。织物反面的彩纬任意跨越多根经线，从一个图案直接拉扯到另外一个图案，这种拉扯多数是同一行纬线之间而为的。但如果需要，也可以在不同的行距间进行。采用这种任意跨越的方法，叫抛梭。一般这种工艺只用于妆花，因为灵活多变，很适合织造各种坯料，所以明清时期的坯料这种工艺很多。

根据图案色彩的变化，途中把纬线往回折返的方法叫回纬。如果需要，也可以随时把介入的彩纬在纹纬中间绕经线后返回，在相邻的经纬线之间继续使用，就是所谓的回纬。

妆花纹样是抛梭和回纬结合而形成的，缂丝工艺是纯粹以回纬的形式产生纹样（图 3-160 ～图 3-166）。

图 3-160 石青色妆花缎龙袍（清早期）
身长 142 厘米，通袖长 186 厘米，下摆宽 120 厘米

图 3-161 黄色妆花缎龙袍（清早期）
身长 138 厘米，通袖长 180 厘米，下摆宽 120 厘米

图 3-162 石青色妆花缎龙袍（清早期）
身长 140 厘米，通袖长 186 厘米，下摆宽 120 厘米

图 3-163 明黄色妆花缎龙袍（清早期）
身长 138 厘米，通袖长 186 厘米，下摆宽 120 厘米

图 3-164 蓝色妆花缎龙袍（清早期）
身长 142 厘米，通袖长 186 厘米，下摆宽 120 厘米

图 3-165 棕色妆花缎龙袍（清早期）
身长 140 厘米，通袖长 168 厘米，下摆宽 120 厘米

图 3-166 红妆花缎云龙袍（清早期）

身长 *140* 厘米，通袖长 *198* 厘米，下摆宽 *118* 厘米

图 3-167 黄色妆花缎龙袍（清早期）

身长 *143* 厘米，通袖长 *188* 厘米，下摆宽 *116* 厘米

　　图 3-167 所示是早期比较典型的一款龙袍。相同纹样色彩的传世也比较多，但由于面料较薄等各种原因，多数都已严重损坏，完整的传世品很少。

　　龙袍为妆花绸工艺，相对于妆花缎，妆花绸要多费很多工时，因为绸一般只有两枚的循环，彩纬必须随通梭的纬线同时介入，所以相对紧密，织物毫米支数随之增多而多耗费工时。而缎纹的经纬循环一般有五枚、七枚、九枚，随通纬介入的彩纬会具有一定的随意性，笔者常见的妆花缎较多，相比之下妆花绸明显少。

综合各种因素分析此龙袍很有可能是雍正到乾隆早期某一个阶段的女龙袍。由于没有历史依据，也仅仅就是根据所见这一阶段的传世实物感觉而已，而且可能应用时间很短。这款龙袍色彩上红色占多数，纹样方面如袖端马蹄袖连接处有两条行龙，有可能后来演变成了女龙袍的接袖。早期的汉式女龙袍袖端也有同样现象（图3-168）。

（a）龙袍正面

（b）龙袍背面

图 3-168 红妆花绸云龙袍（清早期）

身长 141 厘米，通袖长 198 厘米，下摆宽 120 厘米

图 3-168、图 3-173 是笔者 2005 年第一次去美国在一个小型的拍卖会上买到的。听说美国龙袍很多，在中国台湾好友叶丙用的带领下，笔者战战兢兢地到了美国。主要是去参加几个知名的拍卖会和两个中国古玩交易会，他们叫"秀"。另外还有幸去了一趟美国的南部城市迈阿密。一接触美国市场笔者才知道，美国的龙袍价格比中国要便宜很多。当时笔者如饥似渴地把在美国见到的龙袍几乎全都买下了，包括拍卖会和两个交易会上的龙袍，用完了为去美国积攒多日的钱，再加上借的钱，这次美国之行共买了四十多件龙袍等织绣品。从此，笔者每年都要去一两次美国，从拍卖会和交易会里买了很多物美价廉的龙袍等明清织绣品。

　　笔者觉得明清时期的织绣品，对于宫廷服饰、纺织、刺绣、印染的发展史，甚至社会风俗的研究都具有很深的社会价值。古代织绣品中包含广泛的文化内涵，但却是被人们忽略或遗忘的古玩类别。从我国改革开放到现在的四十多年时间里，从宫廷艺术品到民间艺术品，几乎所有的古玩艺术品都曾轰动过，唯独宫廷或官用的服装始终冷冷清清，这种现象的原因可能是物品总量较少，难以形成一个能够认知的群体，同时也缺乏有影响人士的关注。这种环境反而给笔者提供了很好"检漏"的机会。多年以来，在全世界范围内，无论是拍卖会还是交易会，竞争者很少，想买的东西大部分都能买到（图 3-169 ～图 3-175）。

图 3-169 淡青色妆花缎龙袍（清早期）
身长 143 厘米，通袖长 188 厘米，下摆宽 116 厘米

图 3-170 黄妆花绸云龙袍（清早期）
身长 140 厘米，通袖长 190 厘米，下摆宽 114 厘米

图 3-171 浅红色妆花缎云龙袍（清早期）
身长 140 厘米，通袖长 183 厘米，下摆宽 120 厘米

图 3-172 浅红色妆花缎云龙袍（清早期）
身长 139 厘米，通袖长 173 厘米，下摆宽 120 厘米

图 3-173 石青色妆花缎云龙袍（清早期）
身长 142 厘米，通袖长 196 厘米，下摆宽 120 厘米

17 世纪晚期的龙袍一般没有托领，但是后人添加的现象较多。根据袖子中间的江水海牙可以看出大部分有接袖，也有马蹄袖，但是马蹄袖的颜色比较随意（图 3-174、图 3-175）。

图 3-174 红色妆花缎云龙袍（清中期）
身长 142 厘米，通袖长 204 厘米，下摆宽 119 厘米

图 3-175 红色妆花缎云龙袍（清早期）
身长 142 厘米，通袖长 196 厘米，下摆宽 122 厘米

（四）18 世纪晚期

乾隆二十四年到乾隆三十一年间，清代服制有了明确的法规。详细规定了每个阶级、某种场合穿某种款式以及某种色彩的服装。并规定皇帝的龙袍列十二章纹样，以及每个章纹在袍服上的大体位置。对龙袍等服装的龙纹也做了详细的规定，规定了某个部位用什么形状的龙纹，之后各代的龙袍款式和纹样上都比较稳定，以后的朝代虽有修改但没有大的变化。

龙袍的款式和龙纹都做了规定，但其他不受典章限制的纹样却仍然不停地变化。特别是云纹在龙袍中占有大部分面积，在视觉效果上起着重要作用，花费的工时也是最多的。因为没有具体要求，也就导致了形状的多样化。多样化的云纹有时会反映时代的变迁，对于分析年代有很大帮助（图 3-176）。

图 3-177 所示为故宫博物院藏文物珍品大系《清代宫廷服饰》第 149 页刊载的"明黄纱织彩云金龙纹夹龙袍"，其工艺和构图都和图 3-176 所示龙袍应为同一版本。纤细的云纹延续不断，所有云纹的交汇处都形成一个"卍"的形状。此龙袍龙纹的比例非常小，充分体现了云纹的流畅。

图 3-176 黄色妆花绸万字云纹龙袍（清乾隆）
身长 144 厘米，通袖长 204 厘米，下摆宽 120 厘米

一般正龙纹较大、行龙纹比例小的龙袍年代比较早，以后龙纹呈现逐渐变小的趋势。到乾隆晚期三个品字形龙纹所占用的面积基本相等。越到晚期龙纹

占的比例越小，而其他纹样的种类越来越多，如八仙、八宝、江水海牙等，晚期的立水能占衣长三分之一的比例。

图 3-177 明黄纱织彩云金龙纹夹龙袍
图片来源：《清代宫廷服饰》

在现存实物中，有较多的带有各种毛皮的龙袍，如故宫出版的《天朝衣冠》一书第 54 页"明黄色缎绣云龙银鼠皮龙袍"和第 55 页"缂金彩云蓝龙青白肷狐皮龙袍"，民间亦有少量加有各种毛皮的龙袍和八团袍服传世。在清代服制典章中也有记载，冬用皮毛、夏用纱等（图 3-178、图 3-179）。

图 3-178 香黄色妆花缎云龙袍（清早期）
身长 143 厘米，通袖长 201 厘米，下摆宽 122 厘米

图 3-179 明黄色妆花缎云龙袍（清中早期）
身长144厘米，通袖长200厘米，下摆宽120厘米

图 3-180 所示龙袍应为道光时期。据资料记载明伦在道光时期任职于杭州织造局，当时杭州织造局属江南织造范围（三织造是指南京、苏州、杭州）。

此龙袍用了皇帝、皇太子及皇家女眷才能穿用的明黄色，根据机头的文字，证明是清代为宫廷皇家织造的龙袍，所以非常珍贵。

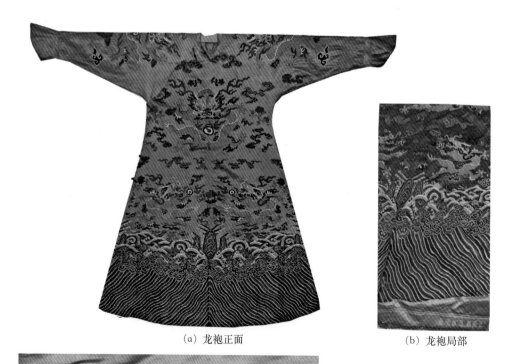

（a）龙袍正面

（b）龙袍局部

（c）机头文字"江南织造臣明伦"

图 3-180 黄色带机头妆花缎龙袍
身长140厘米，通袖长185厘米，下摆宽122厘米

1994 年中国台湾艺术图书公司出版的《龙袍》、2004 年紫禁城出版社出版的《中国宫廷服饰》第 114 页所述龙袍从构图方式和色彩上都和图 3-181 所示龙袍基本相同，可见在当时有一定的流行数量。龙纹分布均匀、立水明显增高，说明和早期肥厚块状云的龙袍相比年代较晚。

图 3-181 黄色妆花缎云龙袍（清中期）
身长 142 厘米，通袖长 200 厘米，下摆宽 118 厘米

（五）中晚期妆花

由于刺绣工艺灵活多变、色彩丰富又具立体的视觉效果，并且对于生产规模、场地几乎没有要求，使得刺绣产业在清代中晚期得到了快速的发展，刺绣工艺的龙袍在种类和数量上也很快占领了市场的主导地位。

根据传世实物，尽管清乾隆以后的妆花龙袍已经很少，但并没有终止生产。妆花龙袍的构图和同时代的刺绣龙袍类似，但比较一般龙袍，整体尺寸比较肥短，一般身长都在 130 厘米左右。无尾云纹越来越整齐密集，龙纹相对短小肥胖。而且夹杂了暗八仙等很多吉祥图案，平水见短，而立水越来越长。其纺织工艺、构图、色彩，包括面料的组织密度等都属于同一种类型，没有明显差别，生产的年代也差距不大，应产自同一地区。通过相同的工艺特点和保留下的机头可以证实，这种妆花工艺龙袍应该产自苏州。

和乾隆以前的妆花龙袍比较，龙纹比例明显较小，云头变小，而云身延长很多，云尾基本消失，立水也明显加长。这种构图方式在妆花工艺的龙袍中相对少见，说明在刺绣工艺的快速发展的环境下，妆花工艺的龙袍已经很少生产（图 3-182、图 3-183）。

图 3-182 黄色妆花缎龙袍（清中期）
身长 136 厘米，通袖长 186 厘米，下摆宽 116 厘米

图 3-183 月白色妆花缎龙袍（清中晚期）
身长 135 厘米，通袖长 188 厘米，下摆宽 114 厘米

图 3-184 所示龙袍构图和清早期的龙袍已经有了较大差别，龙纹在整体面积中比例很小，有一种团缩的感觉，云纹明显密集，开始加上了暗八仙图案，立水增长，平水缩短，这种构图的龙袍比较典型，由于刺绣产品的快速增加，妆花工艺的传世很少，约为嘉庆、道光时期。

图 3-184 蓝色妆花缎龙袍（清中晚期）
身长 140 厘米，通袖长 190 厘米，下摆宽 120 厘米

图 3-185 所示龙袍机头保存完整。经考证，毓秀应在光绪时期苏州织造局任职，这件连着机头的龙袍也许是能证明产地的唯一证据。由于织机宽度的约束，龙袍的宽度大约是半件龙袍的幅面，就是把两幅拼合在一起才能形成龙袍的形状。所以下织机时的长度、完整的龙袍坯料一定大于龙袍身长的五倍。如龙袍身长为 140 厘米，龙袍的坯料就应该是 4 个身长加 1 个大襟的长度，再加机头等约 740 厘米以上。

机头是用来证明产地或厂家的（有的也有织工的名字），既有责任人或单位的含义，也有广告的效果。为了在缝制时不影响主体纹样的效果，多数机头和龙袍纹样有一定距离，能把机头保留下来的极少。绝大多数龙袍在缝制时就把机头剪掉了（图 3-186、图 3-187）。

（b）文"苏州织造臣毓秀"

（a）龙袍背面

（c）机头文字特写

图 3-185 香色妆花缎龙袍坯料（清晚期）

图 3-186 黄色妆花缎龙袍（清中晚期）
身长 136 厘米，通袖长 196 厘米，下摆宽 113 厘米

图 3-187 紫色妆花缎龙袍（清中晚期）
身长 136 厘米，通袖长 196 厘米，下摆宽 112 厘米

（六）19 世纪晚期

人类文明伴随着所使用工具的发展而进步，从手工到半机械再到机械化、自动化的变化。纺织品也一样，从手捻线到现在的气流喷纱，从手工抽丝到现代的筒子缫丝机，目的全部是为了高效率和产品的品质。旧式的织布机的每一次经纬关系的变动，都需要人工操作。妆花工艺所使用的织机更不例外，每台庞大的织机都需要几个人配合操作，每一根纬线的穿越都需要多人的配合来完成，所以速度慢、产量低、产品成本高是旧时所有织造的难题。

晚期革命性的杭州妆花龙袍：

大约在 19 世纪晚期，一种全新工艺的妆花龙袍诞生。笔者不知道这种织机的形状和工作原理，但根据织物纹样的平整性及工艺整齐划一的均匀程度，明显是机械化程度很高或者是半自动化的产品。和以前的妆花工艺相比，虽然同为植入类的回纬或抛梭的妆花工艺，但制作过程却有根本性的变化，大部分用回纬的方法，只有在跨度很小的情况下才用抛梭的方法。由于年代较近，传世的机头较多，看到过的机头几乎全部是杭州的字号。所以基本能够确定为清代晚期杭州生产的龙袍。半机械化的工艺使得产品生产速度加快，成本大幅度降低，到现在这种龙袍的收藏价格也相对便宜很多。

图 3-188、图 3-189 所示龙袍的地组织全部为三枚绸或者纱，经纬的丝线

粗细差距较小，组织密度紧密而匀称，没有缎纹工艺。云龙、八宝等纹样密集而规整，显示纹样主要是金龙，彩色丝线织其他图案，也有用全金线或全丝线等织法。底色主要是蓝色、紫色，下摆的行龙几乎全部是飞龙姿态。山水纹多数用一种色彩，一般和龙纹用同一种颜色。

图 3-188 蓝色绸龙袍（清晚期）
身长 135 厘米，通袖长 200 厘米，下摆宽 110 厘米

图 3-189 棕色妆花纱龙袍（清晚期）
身长 138 厘米，通袖长 196 厘米，下摆宽 110 厘米

图 3-190 所示机头文字为"浙杭蒋盛昌号内据本机等"，没有宫廷监管人的名号，是一般工厂织造，说明不是宫廷监制的，是用于供应市场所需。进一步说明清代官服的应用机制是宫廷皇族由造办处负责监管定制，一般官员自己负责订制或采购。

清代晚期这一类龙袍的地组织均为绸或纱，没有缎等其他组织。介入的彩线有单色、彩色，也有金线。根据传世实物，只有晚期的龙袍采用此种工艺，其他时段都没有发现。

妆花工艺主要有三次较大的变化，这三次变化都具有明显的时代和地域特征，如果把三种龙袍放在一起比对会发现，虽然云龙纹的排列基本相同，却完全没有过渡的痕迹。工艺的差距很大，这种现象和生产年代有关，更主要的是因为织造产地的不同所造成的。根据传世的带有机头的坯料，从纹样、色彩等特点分析得出龙袍坯料产地主要是：

（1）清早期主要是产自南京的妆花龙袍；

（2）19 世纪早期则多数是苏州生产的龙袍；

（3）19 世纪晚期的这种半机械化织造的龙袍应该是杭州产品。

（a）局部图

（b）细节图

（c）局部图

图 3-190 晚期妆花纱龙袍坯料

长 705 厘米，宽 76 厘米

七、缂丝龙袍

缂丝是纬显花工艺，是一种按照纹样的要求，通过改换彩色纬线，以回纬的方法用小梭织成。由于每改变色彩都要更换梭子，有时一根纬线的通梭穿越会更换几十次，所以极费工时。为了节省工时，多数所用纬线比经线粗很多，大约在 17 世纪晚期，开始出现缂丝和绘画结合的方法，之后缂画结合的工艺比例逐步增多。

缂丝龙袍的特点是图案清晰、纹样的变化灵活。特别是用于纬线的捻金线和丝线应用灵活多变。有的用金线做地，用彩色丝线织云龙纹样，也有的把所有的纹样都用金线织成，其他颜色织地，视觉效果显得高雅华丽。但是大部分还是彩云、金龙。因为缂丝的图案是通过回纬形成的，每一个色彩的变化都要更换梭子，较费工时。在同一枚经上回纬次数多了就会有断裂的现象，也使得整体织物不够牢固、容易损坏。

就龙袍工艺的发展而言，妆花龙袍是经历 17 到 18 世纪的兴盛，到 19 世纪初快速衰落的过程。和刺绣、缂丝工艺的龙袍相比，多数妆花工艺的龙袍年代明显要早。乾隆以后快速减少，似乎用了很短的时间就被刺绣工艺所取代。尽管后期还有很少量的生产，但比例已经很小。而缂丝龙袍整体是相对稳定的发展，年代越晚传世品越多。

单从工艺上区分存世量，刺绣龙袍最多，缂丝龙袍的存世量应属第二。但是因为清代以后特殊的社会环境等因素，本来有一定存世量的缂丝龙袍，20世纪 70 年代开放初期的中国市场却很少见，甚至感觉很神秘，这一点不单是体现在织绣品上，整个中国古玩界都是一个由神秘到平常的过程。除了故宫以外，缂丝工艺的龙袍绝大部分来自国外，是近几年通过拍卖、交易会等各种途径，从国外回流了一大部分。

（一）黄色

无论哪种工艺的龙袍都是蓝颜色最多，其次是咖啡色、红色，也有少量的淡青色和乾隆以前的石青色。黄色很少，黄色十二章纹更少。缂丝工艺在构图、色彩风格上都和刺绣龙袍近似，工艺也是年代越晚，优劣变化差距越大。

在现实社会流通的古玩中，总量上，龙袍等宫廷服装应该是最少的类别之一，皇帝龙袍更是很少。但因为经营者高频率的倒卖，业内却没有这种感觉，其根本原因是收藏和认知的群体小。实际上全世界藏有中国龙袍的博物馆屈指可数，能扩大龙袍收藏数量的更是凤毛麟角，而个人收藏多为有心无力。

图 3-191 所示龙袍是来自中国西藏的缂丝龙袍，缂丝工艺精细，构图密集，色彩规范，是很标准的皇帝十二章纹龙袍。

图 3-191 明黄底缂丝十二章纹皇帝龙袍（清中期）

身长 141 厘米，通袖长 190 厘米，下摆宽 118 厘米

　　龙袍的立水较短、平水较长、云纹排列整齐而密集、彩色云头较大、少量细小的云身，没有云尾，是典型的嘉庆、道光时期的风格，年代再早的云纹相对稀疏流畅。

　　此龙袍是 2000 年在北京一个古玩店买的。那时笔者还住在老家保定，为了赶早上的古玩地摊，每个星期六的凌晨两三点乘车来北京，一般到了下午就去转古玩店，晚上在北京住一夜，第二天继续赶早市，下午回家。至少有五六年的时间里笔者都是这样。这家店的主人常年都去蒙古国买古玩，在当时懂得龙袍的人很少，知道十二章纹的人更少，但大部分人知道黄颜色的龙袍值钱。一问价格，店主向笔者要五万，经过激烈的讨价还价，最后降到四万。因为当时笔者手头只有一万多元，心想笔者先去借钱，也许缓一缓店主还能要价低点。所以谎称价格太高，客气了一下就去急着借钱了。结果找遍了所有的关系也没有借够四万，笔者知道多去店里一次反而会增加购买的难度，没准他会变卦，所以只好回家下周再来。回家一周的时间笔者像热锅上的蚂蚁坐立不安，终于盼到星期六，笔者和夫人很早启程，根本没心思干其他的事情。结果到了他店里一看，原来挂的龙袍没有了，笔者的头翁的一下差点晕倒，霎时出了一身冷汗，一下子坐在了凳子上。稍微冷静了一两分钟，出于买卖技巧，没敢直接开口问龙袍的事情，先说别的话题再转到这件龙袍上，才知道他把龙袍收起来了，今天没挂。笔者再也不敢怠慢，匆匆买下，还是放在自己家里踏实（图 3-192）。

图 3-192 明黄缂丝十二章纹皇帝龙袍（清中期）
身长142厘米，通袖长186厘米，下摆宽122厘米

　　图 3-193 所示龙袍的年代约为乾隆时期。整体龙纹比例偏大，有尾彩色云纹较为稀疏，但视觉上较流畅灵活。缂丝工艺也精细，大部分缂丝工艺的龙袍都是嘉庆以后的产品，这种早期的缂丝龙袍极少。

图 3-193 黄缂丝纹龙纹袍（清早期）
身长140厘米，通袖长176厘米，下摆宽101厘米

按照清代典章，黄色应该是皇族穿用。但由于传世时间较为久远，各种不同的储藏环境，会使原有色彩不同程度的变化，所以明黄、杏黄、金黄等很难准确定位（图3-194、图3-195）。

图 3-194 黄色十二章纹缂丝皇帝龙袍（清晚期）
身长 144 厘米，通袖长 200 厘米，下摆宽 122 厘米

图 3-195 黄色缂丝龙袍（清晚期）
身长 138 厘米，通袖长 180 厘米，下摆宽 110 厘米

清代晚期，多数缂丝龙袍的经线排列不够密集，而纬线加粗，就连宫廷专用的黄色龙袍也不例外。构图和色彩也比较杂乱，部分龙袍在纹样的细节部分采用了笔画的工艺，从而减少了很多更换小梭的麻烦，色彩的过渡也能够柔和，明显有偷工减料的现象（图 3-196、图 3-197）。

图 3-196 杏黄地缂丝龙袍（清晚期）
身长 140 厘米，通袖长 186 厘米，下摆宽 120 厘米

图 3-197 金黄色缂丝龙袍（清晚期）
身长 142 厘米，通袖长 190 厘米，下摆宽 120 厘米

（二）缂金

缂金的称呼是一个较为含糊的概念，实际上缂丝和缂金工艺相同，一般业内把使用金线做纬线的称为缂金，纬线用丝线的叫缂丝。大部分缂丝龙袍的龙纹部分都用金线织成，但是习惯上把金线做主要纬线的叫缂金。

图 3-198 所示龙袍是 2014 年从法国巴黎的一家拍卖公司买的，这是笔者见过的工程最浩大的龙袍之一。笔者知道，缂丝工艺的纹样是通过回纬的形式而产生的，每一个纹样、色彩的变化，都要通过更换梭线的方式来完成，所以图案越复杂，更换梭线的次数越多，像图 3-198 所示这种纹样，纬线每完成一次通梭，需要更换上百次梭线，工程之浩大可想而知。要知道，这一件比一般龙袍工艺复杂很多。

据故宫文献里做一件缂丝龙袍的工本记载：从地、披肩、袖口、综袖，身长四尺四寸，共和刻丝 51 方寸。各色丝线 82 两 8 钱 8 分，每两 5 钱 6 分，该银 46 两 4 钱 1 分 3 厘，圆金线 466 扭，每纽银 4 分。该银 18 两 6 钱 4 分，刻丝匠 1036 工，每工银 2 钱 5 分，该银 259 两，画匠 25 工，每工银 2 钱 4 分 5 厘，该银 6 两 3 钱 4 分 5 厘。共工料银 330 两 3 钱 9 分 8 厘（见清同治八年二月三日奉大婚，礼仪处行）。

2008 年北京故宫举办了"天朝衣冠"的展览，其中有一件棉龙袍和这一件龙袍工艺近似。《天朝衣冠》书中第 55 页"缂金彩云蓝龙青白狐皮龙袍"。

清代中晚期，在缂丝工艺中有一种全部使用金线织地的工艺，这种织物又

（a）龙袍正面

（b）龙袍背面

图 3-198 缂丝满云纹地十二章纹龙袍（清早期）

身长 141 厘米，通袖长 196 厘米，下摆宽 118 厘米

称"金包地""金宝地"，业内也叫"遍地金"。地纬以金线代替丝线，在金光闪闪的金线地上，以各色丝线缂织五彩花纹。这种金线织物制成的服装"金光闪闪"，是名符其实的"金衣"。

缂丝织物地纬全部用金线，而纹样用彩色丝线织成，整体效果富丽堂皇，非常华贵。这种形式只有缂丝工艺能够做到，因为缂丝工艺的每一个色彩变化都是单独织成的。实际上就等于用经线把每一块不同颜色的布链接在了一起。有时候刺绣品也用金线把空白处的底布全部盘满金线，叫满绣，同样也是为了达到这种效果。

和金宝地相反，另一种则是地纬用丝线，纹样部分全部用金线。为了显示纹样的层次，金线一般两种以上的颜色搭配使用。但是由于金线的柔韧性没有丝线好，很容易折断和磨损，这种织物比较难以长时间保存，缺乏实用性（图3-199）。

图 3-200 所示龙袍采用满天星的图案，业内也叫网格图案。主体纬线用捻金线作地显得龙袍金光灿烂。所有纹样用五彩丝线，图案极其零碎复杂。笔者知道，缂丝工艺通经断纬、彩纬显花。每变换一次颜色都要用相应的小梭织成，像这种构图方式，每一次通梭需要更换几十次，图案零碎复杂，工艺极其浩大，但整体视觉效果一般，这种现象是清代晚期龙袍普遍的构图特点。

图 3-201 所示龙袍除云龙等纹样以外，所有空白处都用捻金线织成万字不到头纹样，说明当时的龙袍非常追求奢华、不计工本。

图 3-199 缂金地彩云龙袍（清早期）
身长 143 厘米，通袖长 196 厘米，下摆宽 120 厘米

图 3-200 缂金地万字纹龙袍（清晚期）
身长 138 厘米，通袖长 140 厘米，下摆宽 120 厘米

　　很多宫廷或地方的织绣品都有应用金线的工艺，部分所有的图案都用金线，但多数采用丝线和金线搭配使用的方法。作为人们穿用的服装，无论是金线做地，还是金线织图案，都极具光鲜亮丽的效果，但由于金线的材质和制作工艺的局限性，无论是捻金线还是片金线，都远不如丝线柔软耐磨、色彩变化也单调（图 3-201 ～图 3-207）。

图 3-201 缂丝万字地龙袍（清晚期）
身长 138 厘米，通袖长 140 厘米，下摆宽 120 厘米

图 3-202 金地缂丝龙袍（清晚期）
身长 140 厘米，通袖长 192 厘米，下摆宽 128 厘米

图 3-203 缂丝万字地龙袍（清晚期）
身长 138 厘米，通袖长 140 厘米，下摆宽 120 厘米

图 3-204 蓝色万字地缂丝龙袍（清中晚期）
身长 142 厘米，通袖长 185 厘米，下摆宽 116 厘米

图 3-205 金地缂丝龙袍（清晚期）
身长 138 厘米，通袖长 190 厘米，下摆宽 126 厘米

图 3-206 蓝色地缂金线龙袍（清中晚期）
身长 140 厘米，通袖长 200 厘米，下摆宽 110 厘米

（三）咖啡色、蓝色等

根据清代服装法规，亲王、郡王龙袍款式和龙纹与皇子龙袍相同。除赏赐外不能穿用黄色。清代皇帝曾赏赐部分亲王、郡王等可用金黄，对于被赏赐者是一种极大的荣誉。

图 3-207 蓝地缂金龙袍（清晚期）
身长 138 厘米，通袖长 192 厘米，下摆宽 128 厘米

约雍正以后，龙袍下摆的龙纹由斜向 45°飞行姿态的行龙逐渐改为坐姿，之后整个清代都是以坐姿为主流。也有少数龙袍下摆的龙纹用图 3-208 所示这种站立姿势，从乾隆晚期到清末都能偶尔见到。尽管龙纹大体同为站立姿势，但年代不同，纹样也有较大变化。年代越早龙纹身体翻转越多而流畅，相反，年代越晚龙纹翻转越简单，神态呆板。

图 3-208（a）龙袍正面

（b）龙袍背面

图 3-208 咖啡色缂丝棉龙袍（清中期）

身长 142 厘米，通袖长 201 厘米，下摆宽 122 厘米

　　大约在 19 世纪中期，有一个时段的部分龙袍明显肥大。有的比一般龙袍宽 20 厘米之多，且缂丝、刺绣龙袍都有这种现象，说明在当时是一种时尚。但可能是这种肥大龙袍过多的耗费工本，从色彩和构图风格上看，流行时间不长。此件龙袍就属于这种风格的产品（图 3-209）。

图 3-209 棕色缂丝龙袍（清中晚期）

身长 142 厘米，通袖长 195 厘米，下摆宽 123 厘米

图 3-210 所示龙袍云纹延续较长，云头采用半彩点缀的方法，还保留有单云尾的痕迹，云纹比较流畅有动感。但龙纹比例已经很小，这种构图风格一般为嘉庆时期，到清晚期形制有所转变（图 3-211）。

图 3-210 紫红色缂丝龙袍（清中期）
身长 143 厘米，通袖长 192 厘米，下摆宽 120 厘米

图 3-211 紫色缂丝龙袍（清晚期）
身长 139 厘米，通袖长 190 厘米，下摆宽 110 厘米

图 3-212 所示龙袍构图形式是在空白处添加网状的几何图案，近几年被称为网格地。工艺比"卍"字地更为复杂。清代龙袍的纹样发展到中晚期，这种"卍"字、网格地的形式在密度上已经到了极致，最大空白也不足半厘米。笔者曾经数过，按坯料的幅宽，这种缂丝龙袍每一根纬线通梭，一般需要更换 50 ~ 80 个小梭才能完成。织完一件约 7.5 米的龙袍坯料，再加上领、袖的耗时，所需要的工时可想而知。

如此奢华不计工本的龙袍，因为纹样过于复杂，无论是实用性还是视觉效果，繁缛的风格与当代追求的极简主义格格不入，除了让人叹为观止的工艺以外，更缺乏艺术应有的感染力。

清中晚期织绣品已经比较普及，是从业人员、生产数量最为兴盛的时期。不畏辛苦的中国廉价的劳动力，激烈的市场竞争，导致了技术和工艺含量越来越复杂，而艺术含量有所降低。

图 3-212 蓝色万字纹缂丝龙袍（清晚期）
身长 140 厘米，通袖长 190 厘米，下摆宽 118 厘米

大约道光以后，有部分缂丝龙袍全身不用红色，就连火的颜色也是绿色。除此之外，工艺、构图形式等和其他龙袍没有区别。而且少数刺绣龙袍也有这种现象，由于在晚期的龙袍中较多见，说明不是个例。通过多方查询也没能找出答案，根据中国很多民族的风俗，笔者个人觉得也许和穿用的场合有关。如国孝、家孝的孝期等，当然这仅仅是推测。有的民族父母或长辈去世后会有祭祀期，在这期间不能穿红色，不同的地区时间长短也有所不同（图 3-213 ～ 图 3-216）。

图 3-213 淡青色缂丝龙袍（清中晚期）
身长 142 厘米，通袖长 185 厘米，下摆宽 116 厘米

图 3-214 淡青色缂丝龙袍（清中晚期）
身长 143 厘米，通袖长 185 厘米，下摆宽 116 厘米

图 3-215 蓝色缂丝龙袍（清中晚期）
身长 140 厘米，通袖长 186 厘米，下摆宽 112 厘米

图 3-216 蓝色万字地龙袍（清晚期）
身长 139 厘米，通袖长 186 厘米，下摆宽 120 厘米

　　清代晚期蓝色缂丝龙袍较多，这件缂丝龙袍蓝底色偏深，接近石青色，年代相对也稍早（图 3-217）。

图 3-217 石青色缂丝龙袍（清中晚期）
身长 139 厘米，通袖长 182 厘米，下摆宽 112 厘米

　　清代的宫廷用品主要是国家供给制，服装制作的基本模式为，由造办处绘制小样，包括纹样、色彩、尺寸等，经有关的人或部门审批后，再指令某个厂家纺织成面料。只有宫廷皇家是这种供求模式，而地方官员则需要自己购置。因此，除了宫廷和地方官员分别在工厂定做以外，还有一个更大规模的市场，地方官员既可以定做，也能到店铺购买。这种供求方式也是造成清代晚期部分纹样混乱的重要因素之一（图 3-218 ～图 3-222）。

图 3-218 蓝色缂丝龙袍（清中晚期）
身长 140 厘米，通袖长 196 厘米，下摆宽 118 厘米

图 3-219 蓝色缂丝龙袍（清晚期）
身长 140 厘米，通袖长 185 厘米，下摆宽 118 厘米

图 3-220 蓝色缂丝龙袍（清中晚期）
身长 142 厘米，通袖长 186 厘米，下摆宽 114 厘米

图 3-221 蓝色缂丝龙袍（清中晚期）
身长 143 厘米，通袖长 186 厘米，下摆宽 115 厘米

图 3-222 蓝色缂丝龙袍（清晚期）
身长 138 厘米，通袖长 180 厘米，下摆宽 115 厘米

在构图风格和色彩的应用上，缂丝和刺绣龙袍大体相同，都随着时间的变化而同步变化。龙身越来越短胖，云纹越程式化，平水减少立水加长。在工艺上粗细差距也比较大。

笔者第一次买缂丝龙袍是在 20 世纪 90 年代初期，那时笔者买卖刺绣已经有十多年的经历了，到北京卖刺绣时经常看到有人找缂丝，但只是听说名称，根本不知道缂丝工艺为何物，那时认为缂丝是极为神秘而高贵的。

一天下午，笔者在村里的大街边看别人下象棋。听说有人买回来一件织锦龙袍，但织法和以前的龙袍有差别。出于好奇，笔者去看了一下，感觉工艺很特别，但能够肯定不是织锦，像是画的。过去笔者听说过缂丝是通经断纬，就基本认为是缂丝工艺。其实当时笔者也没有把握，经过讨价还价，笔者忐忑的买下了，价格是八千块，后来到北京经人确定是缂丝龙袍。笔者如获至宝，在家里放了两年多后卖给了一位姓叶的中国台湾人，价格是三万两千。后来笔者和这位中国台湾人成了朋友，当时真的不知道，因为工艺粗糙到现在他的那件龙袍还在家里放着，没有卖出去。所以不管哪种工艺，不能笼统的说好与不好，精细和粗糙所用工时区别很大。每个种类在品质上各有特点，价格也没有可比性。

图 3-223 所示这件缂丝龙袍的山水用金银丝线缂织，没有彩色丝线织的靓丽，但在很多缂丝工艺中，擅用金银线做点缀，比如金地、金万字纹、金山水纹等（图 3-224）。

图 3-223 蓝色万字地缂丝龙袍（清晚期）
身长 139 厘米，通袖长 190 厘米，下摆宽 119 厘米

图 3-224 蓝色缂丝龙袍（清晚期）
身长 140 厘米，通袖长 190 厘米，下摆宽 110 厘米

　　图 3-225 所示龙袍整体没有红色，应该红色的火用绿色代替，是清代晚期的一种现象，也查阅不到资料解释其原因。

图 3-225 蓝色缂丝龙袍（清晚期）
身长 140 厘米，通袖长 192 厘米，下摆宽 112 厘米

如果把上述所有的缂丝龙袍做个比对，会发现年代和工艺特点等差距都不大。总结起来整体工艺比较精细规范，款式比较宽大，龙纹比例相对偏小。程式化的无尾云纹，比较普遍的使用红色蝙蝠等。年代多数是道光以后，这些特点和同时期的刺绣龙袍相同，这一时期的缂丝龙袍传世数量也最多（图 3-226、图 3-227）。

图 3-226 蓝色缂丝龙袍（清晚期）
身长 139 厘米，通袖长 190 厘米，下摆宽 116 厘米

图 3-227 蓝色缂丝龙袍（清晚期）
身长 141 厘米，通袖长 186 厘米，下摆宽 118 厘米

以上所述缂丝龙袍均来自国外，这可能和政治环境（如破四旧）、生活环境（如不重视保存）有关。实际上，20世纪八九十年代，在古玩界缂丝工艺是很神秘的，笔者也是从事织绣生意十多年以后，才第一次接触缂丝工艺，知道缂丝为何物。21世纪以后，随着国外的各种缂丝品大量回流中国，人们才逐渐对各种缂丝工艺的产品有了较深入的了解（图3-228～图3-230）。

图 3-228 蓝色缂丝龙袍（清晚期）
身长 138 厘米，通袖长 180 厘米，下摆宽 118 厘米

图 3-229 蓝色缂丝龙袍（清晚期）
身长 140 厘米，通袖长 185 厘米，下摆宽 112 厘米

图 3-230 蓝色缂丝龙袍（清晚期）
身长 139 厘米，通袖长 192 厘米，下摆宽 118 厘米

八、小龙袍

按正常逻辑，一般儿童是没有机会穿龙袍的，只有皇室宗祖的孩子才有机会穿用。在很多传世实物中不难看出，以下这些小龙袍无论是时代特征，还是构图色彩以及工艺风格，和同时代的成人龙袍没有区别，说明在清代皇族儿童还是有穿龙袍的习惯。

乾隆晚期到嘉庆时期，大约18世纪末19世纪初期间的小龙袍传世相对多，多数是咖啡色。小龙袍无论缂丝工艺还是刺绣工艺都很精细，制作也很精致。笔者曾经买到过康雍时期的黄色小龙袍，绣工和构图非常精致流畅，有很明显的皇家气派。

龙袍有接袖，说明是女性穿的，小龙袍应该只有皇族才有机会穿用。因为皇族的孩子出生就有相应的地位（图 3-231～图 3-238）。

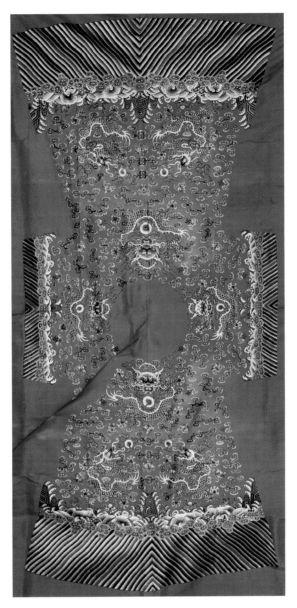

图 3-231 杏黄色儿童龙袍坯料（清晚期）

　　皇子出生，无论嫡庶，一下地就给乳媪。一个皇子有 40 个乳媪，其中保姆、乳母各 8 人。其他叫针线上人、浆洗上人与锅灶上人。断奶后交给谙达，凡饮食、言语、行动、骑射都由他教。十二岁开始学满语，十四岁时学骑射，十六到十八岁结婚。根据康熙帝的规定，下代皇室男性辈分以胤、弘、永、绵、奕、载、溥为序。皇子到了六岁送到上书房读书，皇子不能跨越门槛，由内侍举而置之门内。父皇在世，住东宫，住处叫阿哥所。父皇死了，就与生母分府尔居。母亲是皇后则不分开。清朝十二帝，皇子共 113 名。

　　太祖有子 16 人，1 人为帝，和硕亲王 3 人，多罗郡王 1 人，封公爵 3 人，封将军 2 人，无爵或生前有爵被削 6 人。

太宗有子 11 人，1 人为帝，3 人封亲王，4 人封公爵，3 人早殇。

顺治有子 8 人，1 人为帝，3 人封亲王，4 人早殇。

康熙有子 35 人，《清史稿·皇子世系》载的"圣祖系"只提供 24 子的情况。这 24 子，1 人为帝，封亲王 11 人，封郡王 5 人，封贝勒 3 人，封贝子 1 人，另有 4 人早殇。

雍正有 10 子，1 人为帝，5 子早殇，削去宗籍 1 人，封和硕亲王 1 人，封和硕怀亲王 1 人，袭亲王爵后降贝子 1 人。

乾隆有子 17 人，帝 1 人，早殇 7 人，追封 2 人，封亲王 3 人，初封贝勒后升级 2 人，封郡王 1 人，过继他人而袭郡王 1 人。

嘉庆 5 子，帝 1 人，封亲王 1 人，封郡王 2 人，早殇 1 人。

道光 9 子，帝 1 人，封亲王 1 人，郡王 3 人，早殇 2 人，过继他人而袭郡王 1 人，封贝勒 1 人。

咸丰 2 子，长子为帝，次子早殇。

同治、光绪、宣统俱无子女。

图 3-232 明黄色刺绣小龙袍（清中早期）
身长103 厘米，通袖长140 厘米，下摆宽86 厘米

图 3-233 蓝色缂丝小龙袍（清晚期）

身长 106 厘米，通袖长 154 厘米，下摆宽 86 厘米

图 3-234 棕色刺绣小龙袍（清中早期）

身长 98 厘米，通袖长 145 厘米，下摆宽 73 厘米

图 3-235 咖啡色刺绣小龙袍（清晚期）
身长 98 厘米，通袖长 141 厘米，下摆宽 86 厘米

图 3-236 淡青色刺绣小龙袍（清晚期）
身长 80 厘米，通袖长 140 厘米，下摆宽 76 厘米

图 3-237 蓝色刺绣小龙袍（清晚期）
身长 100 厘米，通袖长 146 厘米，下摆宽 88 厘米

图 3-238 红色刺绣小女龙袍（清晚期）
身长 100 厘米，通袖长 166 厘米，下摆宽 85 厘米

第四章

行　服

常　服

杂役公服

此类制服是指宫廷里的官员以及公务人员穿用的服装。由于这些人员活动的区域往往是正式的礼仪场合，所以要把日常工作所穿用的服装做出相应的规定，以便区分工作性质和地位。

一、行 服

笔者个人理解，行服就是出行时穿用的服装，常服是非正式场合穿用的服装。从逻辑和概念上应该和礼服、吉服排列在一起，但由于有典章记载，又有一个特定的款式，所以就成了一个固有的名称，实际上按正常逻辑和概念，除外旅行和非正式场合是可以穿用多款服装的（图4-1）。

皇帝行袍：皇帝行袍制如常服，袍长减十之一右裾短一尺，色及花纹随所御，棉、袷、纱、裘各惟其时。

二、常 服

皇帝常服褂：皇帝常服褂色用石青，花纹随所御，棉、袷、纱、裘各惟其时（图4-2）。

皇帝常服袍：本朝定制，皇帝常服袍色及花纹随所御，裾左右开，棉、袷、纱、裘各惟其时。

亲王以下行袍制如常服袍，长减十之一右裾短一尺，色随所用，棉袷、纱、裘各惟其时。其制下达庶官凡扈行者皆服之。

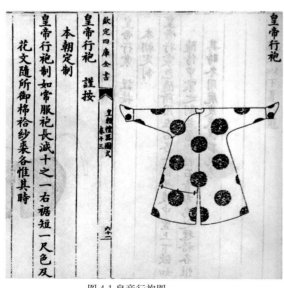

图 4-1 皇帝行袍图

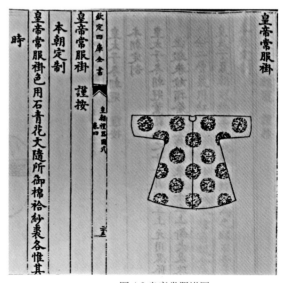

图 4-2 皇帝常服褂图

按《皇朝礼器图式》记载，皇帝常服褂应为石青色。但是根据清《穿戴档》，皇帝有时候是穿黄色常服褂的，而且不单是清中早期。

笔者没有黄色的常服、行服，但收藏了几件黄色提花工艺的袍服。袍服的纹样、款式和龙袍没有区别，只是采用提花工艺。根据云龙纹推断年代是清代中晚期。因为是黄色，应该属于皇室成员穿用的常服类（图4-3）。

图 4-3 黄色暗花绸常服褂（清晚期）

图 4-4 所示，这种龙纹袍传世很少，提花工艺是一种通纬织物，完全以改变经纬关系显示纹样，通常业内也叫暗花织物。根据近些年出版的一些书刊，关于纺织品的名称比较混乱，甚至有的以织物的薄厚、纹理为依据，如轻薄柔软等。不可否认，有些纺织品确实在感官上具有某种特点，但以视觉或感官命名不够科学。因为经纬线的粗细、组织结构的疏密，在同一种织物中也会根据需要等种种因素随意变化。所以，无论哪种丝织物，应按组织结构的不同而命名（图 4-5~ 图 4-11）。

图 4-4 黄色提花龙纹袍（清晚期）
身长 142 厘米，通袖长 185 厘米，下摆宽 120 厘米

图 4-5 黄色提花龙纹袍（清晚期）
身长 144 厘米，通袖长 200 厘米，下摆宽 120 厘米

图 4-6 黄绸底两色提花龙纹袍（清晚期）
身长 140 厘米，通袖长 190 厘米，下摆宽 112 厘米

图 4-7 所示，此件长袍质地为纱，用同样色线绣兰草，袖端有两种功能。

袍身有窄袖，另外单独缝制了一对带有马蹄袖的套袖，为了便于多种场合穿用。

图 4-7 蓝色绣花绞经纱常服袍（清晚期）
身长 141 厘米，通袖长 195 厘米，下摆宽 110 厘米

图 4-8 蓝色提花绸棉常服袍（清晚期）
身长 140 厘米，通袖长 190 厘米，下摆宽 112 厘米

图 4-9 蓝色提花绸常服袍（清晚期）
身长 140 厘米，通袖长 190 厘米，下摆宽 112 厘米

图 4-10 紫红色丝绸常服袍（清晚期）
身长 143 厘米，通袖长 190 厘米，下摆宽 109 厘米

图 4-11 蓝色丝绸常服袍（清晚期）
身长 140 厘米，通袖长 188 厘米，下摆宽 113 厘米

三、杂役公服

顺治元年，先从民间挑选乐工，组成奎细乐，在宫廷举行各种典礼时奏乐。后又基本采取明代制度，设立教坊司，隶属礼部。教坊司负责管理宫廷奏乐及戏曲事宜，其演职人员多从江南挑选。据《大清会典事例》，据顺治元年记载，教坊司奉銮 1 人，左右韶舞各 1 人，左右司乐各若干人，协同官 15 人，俳长20 人，色长、歌工八九人。凡宫内行礼宴会，用领乐官 4 人，领教坊女 24 人，于宫内序立奏乐。

顺治八年，停用教坊司宫廷内奏乐，改用太监，额定人数 48 名。而内廷戏曲演出仍是教坊司分内的事。顺治十二年又复用女乐，顺治十六年又改用太监。清代太常寺的职能为专司坛庙大祀、中祀、群祀典礼，凡祝版、乐舞、牲帛、陈设之事，与斋戒的时期皆掌管。太常寺神乐设乐生 180 人，文舞、武舞生各 150 人，执事乐舞生 90 人（共计 750 人）。

雍正七年，改教坊司为和声暑。职掌大宴、进果、进酒、进餐乐章等。后来把戏曲划分给新成立的机构——南府。

清代宫廷的最高管理机构乐部总领大臣由亲王挂名，由礼部尚书主持日常事务。凡太常寺神乐，观所司祭祀之乐，和声暑，掌亿司朝会、宴餐之乐，銮亿卫所司，卤薄等机构。

（一）乐生袍

乐部乐生袍一

本朝定制：乐部乐生袍红缎为之，前后方襕绣黄鹂，中和韶乐部乐生执戏竹人服之。

乐部乐生袍二

本朝定制：乐部乐生袍红缎为之，通织小团葵花，和韶乐部乐生执戏竹人服之。丹陛大乐诸部乐生服之，卤薄舆士校尉皆同（图 4-12）。

笔者藏有两件这种服装，来自 2014 年法国的一个拍卖会。可能由于年代较早，与乾隆时期所记载的乐生袍只是在花纹上有区别《皇朝礼器图式》规定，乐部乐生袍二为小葵花纹），但根据袍服的颜色、款式，此袍服还应该是宫廷乐队穿用（图 4-13）。

图 4-12 晚期乐生袍方襕

图 4-13 红色疑似乐生袍（清早期）
身长 140 厘米，通袖长 190 厘米，下摆宽 112 厘米

（二）祭祀文武生袍

本朝定制：以绸为之。其色，南郊用石青；北郊用黑；祈谷坛、社稷坛、太庙、朝日坛、帝王庙、文庙、先农坛、太岁坛具用红，夕月坛用白（图4-14）。

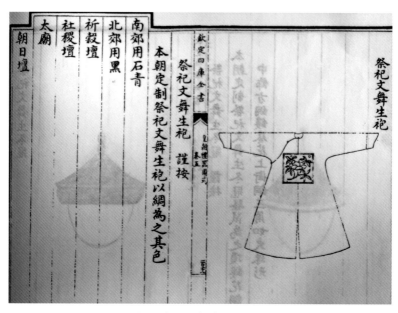

图 4-14 祭祀文武生袍图

（三）公服

清代法定的服装还有举人、贡生、监生的公服面料用石青绸，蓝绿披领。生员公服袍用蓝，青绿披领（图4-15）。

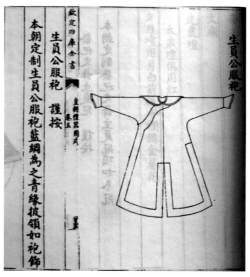

图 4-15 生员公服袍图

规定生员袍为蓝绸青缘、此件袍服为青绸蓝缘，款式上相同。在清代的很多传世实物中都有这种现象，一是流行年代长，各朝代对典章都有修订，二是青蓝本身就是同一色系。

除此以外，还有卤簿护军袍如下：

谨按，本朝定制，卤簿护军袍，石青缎为之，通织金寿字，片金缘，领及袖端俱织金葵花（图 4-16）。

(a) 正面图

(b) 背面图

图 4-16 生员公服袍图（清晚期）

身长 140 厘米，通袖长 184 厘米，下摆宽 100 厘米

第五章

服褂补

衮龙官

衮服的名称历史久远，有天子之服的说法。各个朝代的衮服的纹样和款式都不一样，是皇帝参与祭祀、祈谷、祈雨等活动时穿的服装。

　　皇族是皇帝的家人和比较近亲关系的人，王公是朝廷封赏官爵的人。品官多数是朝廷应考功名而晋升的人。

　　从皇帝衮服到所有官员的补服，颜色都是石青色。圆领、对襟、平直袖，早期的袖口比袖窿稍窄。这是清代正式场合穿在外面的服装，所规定的纹样、作用和现在的肩章、胸章雷同，用来证明穿用者的身份和地位，是从服装上反映官职大小的重要部分，所以每个级别在纹样上都有变化。

　　皇帝衮服是四团正龙，两肩左日右月两个章纹。皇子、皇太子也是四团正龙，但没有章纹，叫龙褂。以下各级命官都叫补服。把清代的官职服装机构分为皇族、王公和品官两个部分说明。

一、衮服、龙褂

　　从称呼和纹样来分析，皇子以上叫龙褂，亲王、郡王等以下也是团龙纹叫补服。两者穿用场合相同、结构相近，但是具体龙纹有差别。

　　皇帝：四团正龙，日月两个章纹。

　　皇太子、皇子：四团正龙，没有章纹。

　　亲王、世子：前后正龙，两肩行龙。

　　郡王：四团行龙。

　　贝勒：前后两团正龙。

　　贝子、固伦、额驸：前后两团行龙。

　　民公、侯、伯：前后两个方龙补。

　　衮服的名称历史久远，有天子之服的说法。各个朝代的衮服的纹样和款式都不一样，是皇帝参与祭祀活动，如祈谷、祈雨等祈求上天保佑时穿的服装。

　　补服、官服中无论男女官员的龙或者鸟、兽补，都是指补子中间部分的龙或者鸟、兽纹样，其他如云纹、山水纹等吉祥纹样都是衬托而存在的，没有典章规定。

（一）皇族、王公

衮服穿用的场合是困扰笔者很长时间的问题，因为皇帝的衮服、太子的龙褂和其他品官的补服，款式颜色基本相同。笔者原来认为衮服和龙褂、官服等穿用场合也相同，通过认真分析排序，发现皇帝参与的所有正式场合都有相应的服装。在群臣们穿补服、官服时皇帝穿朝袍，一般皇帝朝袍的外面是不套其他衣服的。

根据衮服的款式和色彩，应该是在祭祀活动时套在龙袍外面穿的，在《中国历代服饰》一书中也说，皇帝衮服是在祈谷、祈雨等祭祀时穿用。因此笔者认为，皇帝衮服穿着的机会很少，和其他人穿的龙褂、官服作用不完全同。

图 5-1 所示、此袍料为缂丝工艺，前后两肩四团正龙，左日右月两个章纹。图案全部用金线缂织、业内把这种金线缂织的工艺叫缂金，此类服装大部分是刺绣工艺、缂丝、妆花工艺的传世很少。

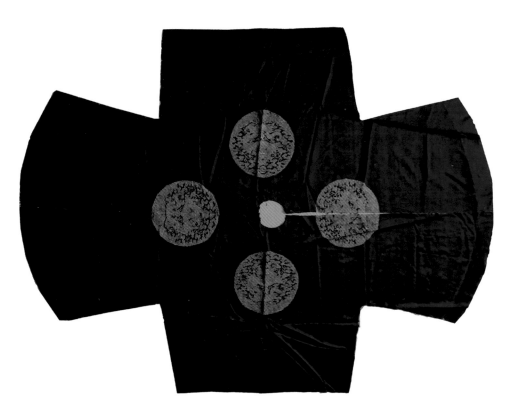

图 5-1 石青缂金皇帝衮服件料

皇帝衮服是祭祀祖宗，天地神灵时穿的礼服。前后和两肩四团正龙，两肩的龙头上面左日、右月两个章纹（图 5-2）。

前后两肩四团正龙，没有章纹，应该是皇太子、皇子穿用，叫龙褂（图 5-3、图 5-4）。

图 5-5 所示，此龙褂四团正龙纹，是皇子、皇太子穿用，根据龙纹、云纹的构图和色彩分析，应为乾隆时期。

图 5-2 石青色皇帝衮服（清中早期）
身长 108 厘米，通袖长 160 厘米

图 5-3 石青色龙褂（清中早期）
身长 108 厘米，通袖长 160 厘米

图 5-4 石青绸地五彩绣珍珠龙褂（清中早期）
身长 110 厘米，通袖长 168 厘米

图 5-5 石青绸地五彩绣龙褂（清早期）
身长 112 厘米，通袖长 166 厘米，下摆宽 116 厘米

从亲王开始名称上有改变，在款式不变的情况下，皇帝穿叫衮服，皇子叫龙褂，以下叫补服。王公、大臣和文武百官穿补服，补服穿用的场合和时间较多。亲王补服纹样和世子相同，是前后正龙，两肩行龙。郡王穿的补服是前后、两肩四团行龙（图 5-6）。

图 5-6 石青色亲王补服（清中晚期）
身长 110 厘米，通袖长 162 厘米，下摆宽 120 厘米

此件补服是前后、两肩四团行龙纹，应该是郡王所用。

同样场合穿用同样的款式，具体龙纹有所差别。亲王用前后正龙，两肩行龙，郡王的四团则都是行龙。因为是以龙纹代表品级的服装，贝勒、贝子等每个阶级都有差别（图 5-7、图 5-8）。

图 5-7 石青刺绣盘金龙郡王补服（清晚期）
身长 110 厘米，通袖长 156 厘米，下摆宽 118 厘米

图 5-8 石青色五彩绣金龙纹郡王补服（清晚期）
身长 116 厘米，通袖长 162 厘米，下摆宽 98 厘米

　　贝勒补服由原来四团的纹样改变成两团，贝勒用四爪正龙，前胸后背各有一条正龙，两肩没有团龙纹（图 5-9）。

　　贝子是前后两团行龙，两肩没有团龙纹。贝勒、贝子是皇帝的直系亲属，他们有社会地位、俸禄，但就像现在的国会议员，如果不担任其他职位，并没有具体的权力。但是因为这些人是皇室成员，多数会担任重要的职务（图 5-10）。

图 5-9 石青色彩绣金龙贝勒补服（清晚期）
身长 106 厘米，通袖长 156 厘米，下摆宽 112 厘米

图 5-10 石青色暗花绸地彩绣金龙贝子补服（清晚期）
身长 110 厘米，通袖长 135 厘米，下摆宽 120 厘米

（二）团龙和团花是否是官补

官补的功能是区别官职品级的重要标识，所以对于官补的定位，首先应该是具有区分官职级别的功能，否则不能叫官补。根据笔者分析，以下是关于区分清代官补的讨论。

从传世实物看，皇室龙纹的补褂大部分是织绣在衣服上的，先织绣成团龙，后缝补上去的很少，所以笔者现在于博物馆或市面上看到的团龙、团花大部分是从衣服上剪下来的，那么这些团龙、团花是否属于官补范畴呢？笔者做一下分析。

清代典章规定使用团龙纹样区分品级的服装分别为：

（1）男装：镇国公以上级别的衮服、龙褂、补服石青色。

（2）女装：妃以上级别的在名称上叫龙褂，皇子福晋开始，以下各个品级名称上都叫吉服褂，使用团龙纹样与其丈夫相同，石青色。

镇国公以下级别用花卉纹，名称也叫吉服褂，石青色。

值得注意的是能够证明应用者级别的团龙或者团花，一定是石青色(黑蓝)。

但是从皇太后到民公夫人的龙袍二式也用团龙纹样，镇国公以下级别用团花纹样（具体哪种花卉不限），而龙袍的功能不属于划分品级的范畴，所以这些团龙和团花是否为裁剪下来的，都不应该叫补子。

那么龙褂上面的团龙、吉服褂上面的团花，根据清代典章上的规定，功能和笔者常见的补子相同，应该叫补子无疑。所以这样解释，从龙褂、补服，包括女人命妇吉服褂上的团花，叫官补，其他织绣品上的团龙和团花不能叫官补。

笔者注意到，清代规定，龙褂、补服、吉服褂都为石青色，而女龙袍二式等其他能够使用团龙和团花的织绣品不用石青，所以，不管是从服装上裁剪下来的，还是织绣好后缝补在衣服上的，石青色团龙、团花应该叫官补，而其他底色的团龙、团花不应该称之为官补。

1.具有官补功能的团龙、团花

图5-11所示，这应是皇子、皇太子龙褂上的团龙补，四个团龙纹中有三个尾朝同一方向，原因是两肩的龙纹头朝向领口时，龙尾是朝向前面的。衣身正面的龙纹尾是朝向右襟，背面的龙纹在视觉上也是朝同一方向的。

清代典章规定，女龙褂为石青色，根据级别，皇后、皇太后、皇贵妃穿用八团正龙，以下分别以正龙、行龙、八团、四团递减。到镇国公夫人以下品级，改为团花纹样，花卉种类、数量、色彩随意（参见另册女龙褂部分）。

多数团龙、团花褂的龙纹或花卉纹都是直接绣在衣服上的，也有的像官服一样龙纹是缝制在衣服上的，由于功能相同，所以都属于官补范畴。

图5-11 四团龙褂上的团龙一组（清乾隆）

直径 31 厘米

图5-12所示，四个不同纹样的团花补，底色都是石青色，应是八团女褂上的。清代典章规定，镇国夫人及以下命妇的龙褂用花卉纹，其中图5-12（b）是一品仙鹤纹，这说明这种石青底团花纹补属于官补类。

（a）福寿团纹　　　　　　　　　　　　　　　　（b）云鹤团纹

（c）花蝶寿字团纹之一　　　　　　　　　　　　（d）花蝶寿字团纹之二

图 5-12 八团女褂上的团花

　　图5-13、图5-14所示，这些团龙、团花都是清代皇室宗族用来区分级别的标志，区别的方法大概是皇帝叫衮服，皇子以上叫龙褂，亲王及以下称补服。以上是名称的区别，部分名称的区别并不完全说明款式、纹样的变化。

　　亲王、郡王等带有王字称号的用五爪，从贝勒开始用四爪，称呼为蟒，民公等用正蟒方补。能证明品级变化的纹样有四团、两团、女士褂还有两爪的夔龙，八团花卉纹等。色彩上的区别有明黄、杏黄、金黄、石青及其他颜色。

（a）清晚期刺绣团正龙 　　　（b）清早期妆花团正龙 　　　（c）清中期缂丝团正龙

图 5-13 清代团正龙纹样

（a）清中早期刺绣团行龙 　　　（b）清早期妆花团行龙 　　　（c）清晚期刺绣团行龙

图 5-14 清代团行龙纹样

2. 不具备官补功能的团龙、团花

用于女龙袍二式等其他物品上的团龙和团花不应该叫官补（图 5-15）。

图 5-16 所示为女龙袍二式上的团龙纹。这种团龙除了底色以外，和团龙补的纹样相同，但是因为应用的功能不同，所以不能叫官补。

清代团龙纹应用很多，圆形代表圆满，有天圆地方等吉祥寓意。图 5-17 这对龙纹应是用于其他场合的团龙，所以不属于官补的范畴。

图 5-15 黄色妆花缎团龙（清乾隆）
直径 30 厘米

图 5-16 黄色绸地刺绣团龙（清乾隆）
直径 31 厘米

图 5-17 漳绒全平金团龙
直径 29 厘米

3. 方龙补

镇国公、辅国公、民公用正蟒方补，前后四爪正蟒，侯、伯皆同（图 5-18）。

图 5-18 镇国公、辅国公、民公用正蟒方补
边长 30 厘米

二、官补、补服

官服是清代各个品级的官员正式场合穿的外褂，是识别官员品级的重要标志。清代官员在很多正式场合都穿官服，通常穿在龙袍的外边。每年的伏天为免褂期，这一时段可以不穿。

皇族、王公和官员的品级，从服装上看，皇族和王公区分级别的方法是从皇子的四团龙褂，到民公的方龙补。官员区分级别是从一品到九品的补子，各种补子就是区别品位大小的标志。

官服的款式是圆领、对襟、平直宽袖，身长大约115厘米，前后左右四开裾。早期的官服身长较短肥，晚期的官服袖子稍瘦身长较长。每个品级的衣服款式没有区别，重要的是衣服前胸和后背补子中间的禽兽纹样，所用的纹样都有级别的区分。因为清代官服上的补子多数是可以拆换的，现在能看到的传世品，大部分补子和衣服是分开的。相对于衣服，补子传世量较多。

按清代的典章，每个品级使用不同的禽兽纹样。文官的补子为禽纹、武官的补子为兽纹，从耕农官穿用彩云榜日补子（无鸟纹和兽纹）。

清代的官补直接袭于明朝，但也有所发展和变化。明代官员所用官补都是以方补的形式出现的，明代补子施于袍，明服为团领衫，前胸补子是完整的一块，大部分直接织绣在补服上。尺寸大约40厘米见方，以红色等素色为地，工艺多为妆化，文官四品以下的补子，多织绣有一对飞禽。

清代补子用于对襟褂，前胸的补子被一分为二。既有单独缝制到补服上的，也有很少部分直接织绣在衣服上，尺寸稍小，约30厘米见方。多以石青、黑等深色为底，工艺有平绣、平金、缂丝、纳纱、戳纱、织锦等。清代补子四周加工精细，多采用花边，并具有装饰效果。

在明清两代，受过诰封的命妇（一般为官吏的母亲及妻子）也备有补服。她们所用的补子纹样以其丈夫或儿子的官品为准，女补的尺寸比男补要小。凡武职官员的妻、母则不用兽纹补，也和文官家属同样，用禽纹补，意思是女子以闲雅为美，不必尚武。

（一）武官

和文官相比，武官补子的传世量明显少、低品级的更是难见到，笔者收藏这么多年也不曾看到过武官八、九品官补。

清朝武官分将军、都尉、骑尉、校尉四种。以官补区分级别，从一品到九品补子的纹样如下。

武一品麒麟，二品狮子，三品豹，四品虎，五品熊，六品彪，七品、八品犀牛，九品海马，无动物是从耕农官，都御史和按察使等监察司法官则穿獬豸。

（1）都御史补服：前后绣獬豸，副都御史、监察御史、按察使及各道皆同。

（2）武三品补服：前后豹，奉国将军、郡君、额驸、一等侍卫皆同。

（3）武五品补服：前后熊，乡君额驸、三等侍卫皆同。

官补还流传有男左女右的说法，即补子中禽或兽纹样头部的朝向与着装者性别相关。但事实上，根据对传世官禽或兽纹样头部朝向进行比较研究发现，这种说法并不属实。女官补尺寸一般较男官补稍小，但是在小尺寸的补子中太阳和禽的头朝向有左也有右。女官补不用兽纹，但男官补的兽纹官补中也是左右朝向都有（图 5-19、图 5-20）。

图 5-19 黑色暗花缎地武二品补服
身长 110 厘米，通袖长 186 厘米

1. 武一品麒麟纹

为了对清代的官员品级状况有个初步的了解，有必要了解一下具体职位的称呼，和什么名称的人属于哪个品级，以便更好的了解各个品级间的差别。

清朝官员等级分"九品十八级"，每个品级都有正从之别，不在十八级以内的叫未入流，在级别上附于从九品。

正一品：武职京官，领侍卫内大臣、掌銮仪卫事大臣武职外官。

图 5-20 石青色暗花绸地武二品棉补服
身长 *112* 厘米，通袖长 *192* 厘米

从一品：武职京官，提督九门步军巡捕五营统领；内大臣武职外官，将军、都统、提督。

武一品补上兽纹的特点：麒麟纹全身长满鳞片，头上有两个明显的鹿角白色锯齿形脊背（图 5-21）。

传世品中也有缂丝的补子。缂丝指纹纬不通梭、不抛梭、纯回纬形成纹理，所有的图案都更换彩线、全部采用回纬的方法织成，晚期的缂丝工艺往往附加绘画。因为缂丝的经线是非常细的生丝线，所有的纹理都是靠彩色纬线显示。对花纹的局部作通经回纬的挖花妆彩，很少有贯穿始终的地纬，连续回纬处有断纬的感觉，所以有人称缂丝工艺是通经断纬（图 5-22～图 5-25）。

图 5-21 武一品麒麟纹

图 5-22 缂丝武一品麒麟纹方补

图 5-23 刺绣武一品麒麟纹方补

2. 武二品狮子纹

正二品：各省总督武职京官，左右翼前锋营统领、八旗护军统领、銮仪使武职外官，副都统、总兵。

从二品：巡抚、布政使司、布政使武职京官，散秩大臣武职外官，副将。

武二品补上兽纹的特点：狮子纹头顶、下颚、背脊都长满带卷的须发，尾巴上面长有浓厚带卷的毛发，身上颜色较深。

2016 年在旧金山宝龙拍卖公司上拍两组带有原包装的禽、兽官补，因为没在现场，笔者只能看拍卖图录，而图录里标的能看到的仅有两三个。笔者的儿子（李晓建）在现场看后很喜欢，电话说想买，当时笔者没有支持，所以儿子只买回其中一组，稍有遗憾。等笔者儿子把东西带回来看过后，很是后悔另一组没有买到。这组官补很多都带有品级、商号等证明历史环境的文字，好在买回了 30 对这种能够证明当时官补文化环境的带有原包装的禽、兽纹，现放在书里让业内同仁研究共赏（图 5-26 ～图 5-28）。

图 5-24 刺绣武一品麒麟纹方补

图 5-25 平金绣武一品麒麟纹方补

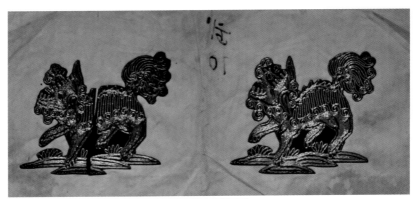

图 5-26 武二品狮子纹

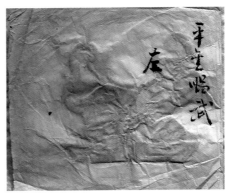

图 5-27 武二品狮子纹原包装纸

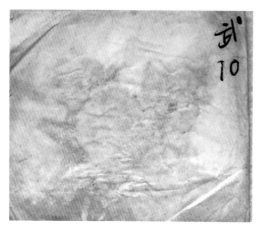

（a）背面文字

（b）正面狮子

图 5-28 带原厂包装武二品狮子纹

　　清代武二品狮子纹官补的头尾、须发纹样和獬豸基本相同，最容易与监察司法官使用的獬豸补混淆，需要注意狮子纹的须发是带卷的，而獬豸的须发不卷曲，狮子纹头上没有角，獬豸头顶长有一只角（图 5-29～ 图 5-34）。

图 5-29 武二品狮子纹

（a）正面狮子

（b）背面文字

图 5-30 带原厂包装武二品狮子纹

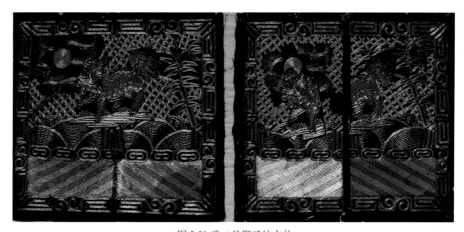

图 5-31 武二品狮子纹方补

  清代中早期有的官补用金线铺地，业内把这种工艺叫金铺地，也叫金宝地等，晚期的全平金龙袍、缂丝龙袍用金线缂地都属于这种风格。这些工艺都体现了艺术的美，也不难看出清代服饰的不惜工本（图 5-32、图 5-33）。

  图 5-34 所示武二品狮子纹头顶、下颚、背脊都长满带卷的须发，尾巴上面长有浓厚带卷的毛发，通身颜色较深。

图 5-32 武二品狮子纹方补

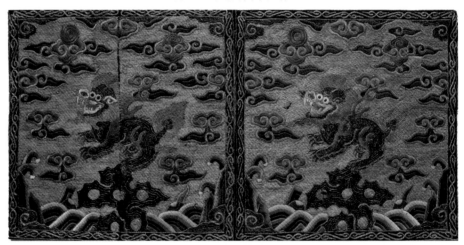

图 5-33 武二品狮子纹方补

图 5-34 武二品狮子纹方补

3. 武三品豹纹

正三品：按察使司按察使武职京官、一等侍卫、火器营翼长、健锐营翼长、前锋参领、护军参领、骁骑参领、王府长史武职外官、城守尉、参将、指挥使。

从三品：都转盐运使司运使武职京官，包衣护军参领、包衣骁骑参领、王府一等护卫武职外官、游击、五旗参领、协领、宣慰使、指挥同知。

武三品补兽纹的特点：豹纹通身颜色较浅、带有条纹、头和脊背无须发、光尾上翘、粗腿大耳。

三品豹纹最容易和四品虎纹混淆，通身的花纹、上翘的光尾巴都无法区分。但豹纹耳朵较大，上颚无胡须、虎纹有明显的两缕胡须，头顶有王字。

清道光以后缂丝工艺的官补比例明显增多，作为市场商品，有需求就会有生产，当时缂丝工艺比较时尚，年代越晚，缂丝工艺的产品相对越多，工艺上粗细差距也越大（图 5-35 ～ 图 5-37）。

图 5-38 所示豹纹，通身浅色带有条纹、头、脊背无须发、光尾上翘、粗腿大耳。

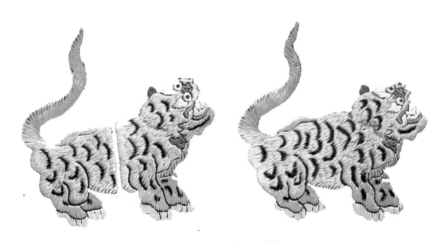

图 5-35 武三品豹纹

图 5-36 平金绣三品豹纹

图 5-37 缂丝武三品豹纹方补

图 5-38 刺绣武三品豹纹方补

4. 武四品虎纹

正四品：武职京官、二等侍卫、云麾使、副护军参领、副前锋参领、副骁骑参领、太仆寺马厂驼厂总管、贝勒府司仪长、侍卫领班；武职外官：防守尉、佐领、都司、指挥金事、宣慰使司同知。

从四品：武职京官，城门领、包衣副护军参领、包衣副骁骑参领、包衣佐领、四品典仪。

二等护卫武职外官，宣抚使、宣慰使司副使。

武四品方补兽纹的特点：虎纹身、尾和三品近似，但四品有明显的胡须，头顶有王字，耳朵显小（图 5-39、图 5-40）。

晚期的纳纱绣官补用色比较艳丽，工艺也很精细，但整体感觉繁杂、呆板（图 5-41、图 5-42）。

（a）身后用　　　　　　　　　　　　　　（b）身前用

图 5-39 打籽绣武四品虎纹

图 5-40 全打籽绣武四品虎纹方补

图 5-41 纳纱绣武四品虎纹方补

5. 武五品熊纹

正五品：武职京官、三等侍卫、治仪正、步军副尉、步军校、监守信炮官、分管佐领；武职外官、关口守御、防御、守备、宣慰使司金事、宣抚使司同知、千户。

图 5-42 绣武四品虎纹方补

从五品：武职京官，四等侍卫、委署前锋参领、委署护军参领、委署鸟枪护军参领、委署前锋侍卫、下五旗包衣参领、五品典仪、印物章京、三等护卫。武职外官：守御所千总、河营协办守备、安抚使、招讨使、宣抚使司副使、副千户。身上颜色较深。

武五品方补上兽纹的特点：熊纹身体明显肥胖，通身无花纹，尾上翘（图5-43、图5-44）。

由于金线光鲜亮丽，清代晚期全平金官补传世数量较多，道光以前工艺变化不大，一般是用暗一点围边，衬托黄亮的金线，用金线排列、缠绕方向的变化显示纹样，之后随着白色银线的出现，大多用黄、白两种金线相结合，再用彩色丝线平金的工艺（图5-45）。

图5-46 所示方补绣品只采用深浅蓝色的工艺，被称为三蓝绣，云纹采用三蓝丝线刺绣，主体兽纹和围边用平金的方法，色彩上形成较大的反差。其突出主题且不失文雅靓丽，是一个成功的设计。在传世的实物中，全部云纹没有海水纹的官补纹样很少，年代也都相近，应该都是这一时段的产品。

图5-47 所示熊纹身体明显肥胖，通身无花纹，尾上翘。

提花是一种使用范围最广的织物种类，从宫廷到百姓，从各种服装到装饰品、日用品，提花工艺的产品涉及到社会生活的很多领域，所以总产量在丝织品中占有最大份额。提花织物流行年代最长，从汉唐到现代，历经两三千年的风雨飘摇，从人工织机到各种现代化、自动化的织机，提花工艺始终都在不间断的发展。所以纹样形成所采取的组织变化很多，但一定是单层经、纬线沉浮所产生的纹样。

（a）正面熊

（b）背面文字

图 5-43 全平金绣带原包装的武五品熊纹

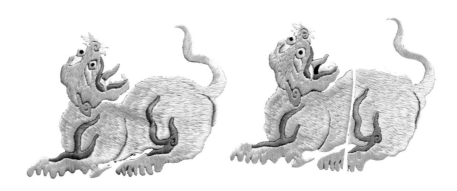

图 5-44 刺绣武五品熊纹

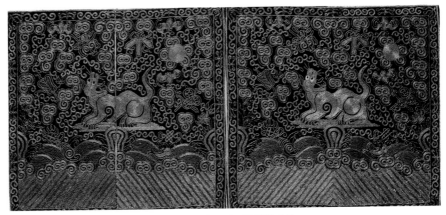

图 5-45 全平金绣武五品熊纹方补

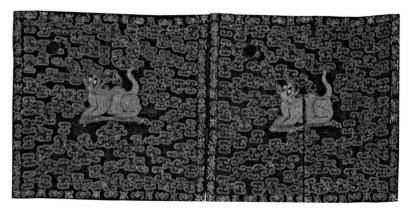

图 5-46 戳纱绣武五品熊纹方补

图 5-47 织锦武五品熊纹方补

6. 武六品彪纹

正六品：武职京官，兰翎侍卫、整仪尉、亲军校、前锋校、护军校、鸟枪护军校、骁骑校、委署步军校；武职外官，门千总、营千总、宣抚使司金事、安抚使司同知、副招讨使、长官使、长官、百户。

从六品：武职京官，内务府六品兰翎长、六品典仪武职外官，卫千总、安抚使司副使。

武六品方补上兽纹的特点：彪纹，体型瘦小，身无花纹，尾的末端有毛发，头颈周围有短发（图 5-48 ～图 5-50）。

图 5-48 刺绣武六品彪纹

图 5-49 刺绣武六品彪纹方补

图 5-50 刺绣武六品彪纹方补

7. 武七品犀牛纹

正七品： 武职京官，城门史、太仆寺马厂协领；武职外官，把总、安抚使司金事、长官司副长官。

从七品： 武职京官，七品典仪；武职外官，盛京游牧副尉。

8. 武八品犀牛纹

正八品： 武职外官，外委千总。

从八品： 武职京官，八品典仪、委署亲军校、委署前锋校、委署护军校、委署骁骑校武职外官。

9. 武九品海马纹

正九品：武职京官，各营兰翎长；武职外官，外委把总。

从九品：武职京官，太仆寺马厂委署协领；武职外官，额外外委。

10. 未入流

武职京官：武职外官，百长、土舍、土目。

11. 法官獬豸纹

獬豸纹补子传世较多，应该是清代法官使用的。虽然纹样是动物，但属于文职，这也是清代官补中唯一文官用动物纹样的补子。

特点：形似狮纹，但头顶长有一角，上颚长有两个明显的长须子，身无花纹（图 5-51 ~ 图 5-54）。

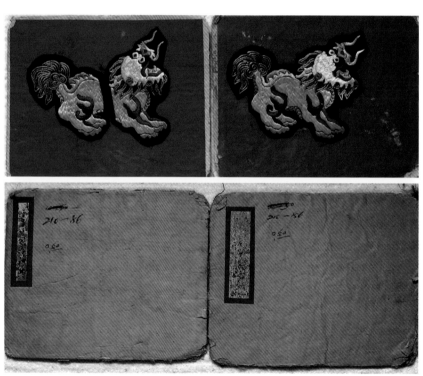

图 5-51 法官獬豸纹和原包装

图 5-52 法官獬豸纹

图 5-53 五彩纳纱绣獬豸纹法官方补

图 5-54 刺绣法官獬豸纹方补

12. 从耕农官彩云捧日补

根据典章从耕农官用既无鸟纹也无兽纹的彩云捧日补，多数清代官补鸟、兽纹样是单独绣成的，应用时根据需要再缝补上去，所以从耕农官彩云捧日补子和其他补子的区别就在于中间没有空白（图 5-55、图 5-56）。

因为织绣一对官补需要耗费一定的工时，清代官补多数补子和鸟、兽是分开的，这种形式更适应市场需求，如有升迁只须更换鸟、兽纹。

武官补的类别和名称是从明代延续到清代的，部分图案有点神话的含义。有的名称和实物相差甚远，据说彪是虎的第三个仔，但不叫虎却叫彪，形状很难确定。六品以下的补子实物很少。

资料显示武官补子在名称上基本统一。但因为具体纹样相差较大，无法形成统一的认知，这种现象应该和年代、产地、工艺等有关。前文所示样本均为清代传世物，参照一些资料，加上笔者个人的理解，尽可能贴切的排序，无法准确无误。

图 5-55 戳纱绣从耕农官彩云捧日方补

图 5-56 盘线绣有待贴补鸟、兽的方补

（二）文官

官服是清代各个品级的官员正式场合穿的外褂，是识别官员品级的重要标志。所有官员在正式场合都穿官服，通常穿在龙袍的外边。

文官分大夫、郎、佐郎三种：

（1）文官大夫为五品以上官员。

（2）郎为正六品至正八品官员。

（3）佐郎为八品以下官员。

清代官补的纹样大体延续明代风格，图案内容基本相同，各品级略有区别，文官补各品级的纹样是：一品鹤，二品锦鸡，三品孔雀，四品云雁，五品白鹇，六品鹭鸶，**七品鸂鶒**，八品鹌鹑，九品练雀。

由于清代的官补大多是缝补上去的，时隔多年，沧海桑田，大部分的衣服和补子已经分离，流传到现在保持衣服和补子原套的很少。为加深对补服的印象，现将几件仍然保持原状的补服做一展示（图 5-57 ～图 5-62）。

图 5-57 石青色纱地文二品补服（清晚期）
身长120 厘米，通袖长182 厘米，下摆宽110 厘米

图 5-58 石青绸地文四品补服（清中晚期）
身长122 厘米，通袖长180 厘米，下摆宽120 厘米

图 5-59 石青绸地文四品补服（清中早期）
身长 114 厘米，通袖长 180 厘米，下摆宽 120 厘米

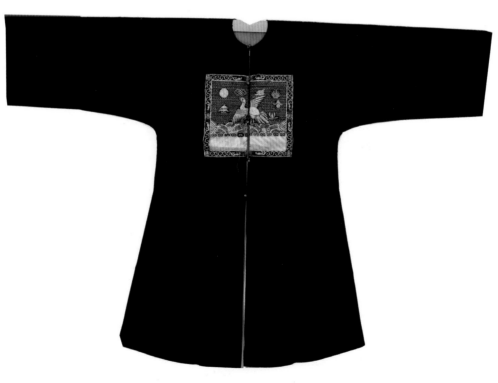

图 5-60 石青缎地文五品补服（清代晚期）
身长 120 厘米，通袖长 186 厘米，下摆宽 106 厘米

图 5-61 所示是一件清代初期七品官员穿的官服，四合云纹，鸟纹的比例很大，近似于明代的补子。比清晚期的官服身长明显短，袖子越到袖口越窄，而不是清代常用的平直袖。因为此件官服的衣服和补子是原装配套的，所以是很珍贵的历史资料。

图 5-61 黑色绸地绣文七品补服（清代早期）
身长 110 厘米，通袖长 135 厘米

图 5-62 石青提花绸地文八品棉补服（清代晚期）
身长 121 厘米，通袖长 186 厘米，下摆宽 104 厘米

1. 官补

由于年代、工艺等因素，官补中鸟的纹样有较大的变化，但名称和基本形状不变。区别各种鸟的方法，主要注意头和尾部纹样的变化，其次是色彩，四品云雁和六品鸬鹚的颜色相似，头部不同。六品鸬鹚和七品鸂鶒的尾部相似，但颜色不同。

官补的工艺主要是各种针法的刺绣，包括平金、平绣、打籽、平金加绣等混合工艺，纳纱、戳纱等，也有少量织锦官补。清早期的官补鸟兽纹所占比例较大，工艺种类，粗细等差距不大，年代越晚，工艺类别越多，粗细差距越大。

2. 文一品仙鹤纹

正一品：文职京官，太师、太傅、太保、殿阁大学士；文职外官无。

从一品：文职京官，少师、少傅、少保、太子太师、太子太傅、太子太保、协办大学士、各部院尚书、督察院左右督御史；文职外官无。

文一品方补鸟文的特点：仙鹤纹头顶有红色的冠，尾部较短分叉多（图5-63～图5-65）。

图 5-63 刺绣文一品仙鹤纹

图 5-64 纳纱文一品仙鹤

（a）正面仙鹤

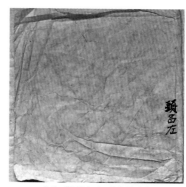

（b）背面文字（头品左）

图 5-65 纳纱文一品仙鹤纹和原包装纸

图 5-66 所示构图风格的官补传世较多，同样色彩平绣稍多，全打籽的相对少。构图风格合理、色彩搭配饱满、年代都差距不大，是比较成功的设计。

到清代中晚期，苏绣工艺普遍使用打籽绣的针法，打籽绣也叫疙瘩绣，方法是每当绣线穿越到绣品的正面时，用丝线在绣花针上缠绕两圈，然后顺着绣上来的丝线订下去，在向下拉丝线之前，先把针上的线套拉紧，这样绣出的疙瘩就会紧密。绣线每次到正面就绕针两圈打一个结儿，再根据需要变换丝线的颜色，依次类推。

如果所有图案都使用打籽针法，被称为全打籽。这种打籽的工艺比较费工时，也相对结实耐用，但因为没有行针走向的变化，缺乏刺绣应有的质感，绣品也缺乏光泽。

有的方补中间套个圆形，这种构图有"天圆地方"的寓意（图 5-67）。

图 5-66 全打籽绣文一品仙鹤纹方补

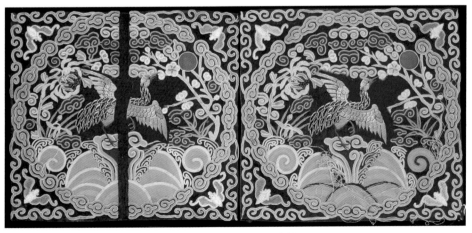

图 5-67 平针绣文一品仙鹤纹方补

根据众多传世实物的比对分析，并不是级别越高，服装用料、工艺等档次随之加高，图 5-68 所示这对官补，虽然是一品，但工艺却较为粗糙。

整体看，宫廷里属于造办处管理范围的制服、皇帝服装和眷属的制服，在纹样、色彩等方面有相应的变化，但在材质上，在工艺水平上基本相同，没有差别。

在官补的材质和工艺方面，也能体现同样的现象，一品官补同样也有工艺粗糙、材质较差的，九品也有材质和工艺精美的产品。所以，工艺水平和社会地位没有必然关系。

在所有文官补中，只有一品官补的仙鹤纹样头冠是红色，所以比较容易区别，另外仙鹤身尾较短，脖子较长（图 5-69 ～图 5-71）。

图 5-68 纳纱文一品仙鹤纹方补

图 5-69 刺绣文一品仙鹤纹方补

图 5-70 平金文一品仙鹤纹方补

图 5-71 刺绣文一品仙鹤纹圆形补

3. 文二品锦鸡纹

正二品：文职京官，太子少师、太子少傅、太子少保、各部院左右侍郎、内务府总管；文职外官，各省总督。

从二品：文职京官，内阁学士、翰林院掌院学士；文职外官，巡抚、布政使司布政使。

文二品方补鸟纹的特点：锦鸡纹有两根带羽毛的长尾。九品练鹊也有两根长尾，但尾部上翘呈刀形，并明显有两个眼（图 5-72 ~ 图 5-77）。

图 5-72 刺绣文二品锦鸡纹

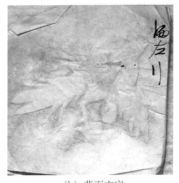

（a）正面锦鸡　　　　　　　　　　　　（b）背面文字

图 5-73 刺绣文二品锦鸡纹和原包装纸

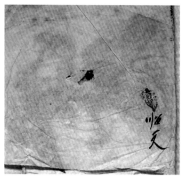

图 5-74 戳纱绣文二品锦鸡纹和原包装纸

图 5-75 平金文二品锦鸡纹

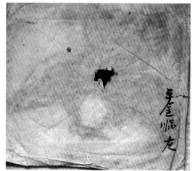

图 5-76 刺绣文二品锦鸡纹和原包装纸

图 5-77 平金文二品锦鸡纹和原包装纸

大部分官补的下半部分都织绣有江水海牙，不带海水的构图方式较少，偶有发现年代、色彩及构图方式都差距不大，说明为同一时期的产品，但流传的时间不长，笔者认为这种构图方式远比带海水的更具有动感，有一种海阔凭鱼跃、天高任鸟飞的感觉（图5-78）。

纳纱或者戳纱的官补由于具有较好的透气效果，多用于夏季天气炎热时穿用。因为除了免褂期，天气再热，清代官员在正式场合也一定要穿相应的制服，所以很多夏龙袍、补服、官补都采用纱质面料（图5-79～图5-84）。

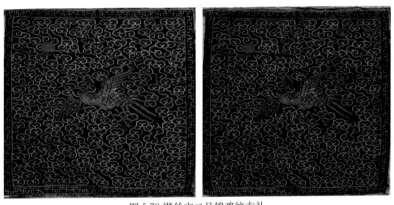

图 5-78 缂丝文二品锦鸡纹方补

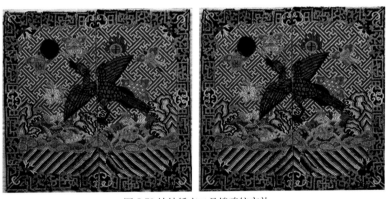

图 5-79 纳纱绣文二品锦鸡纹方补

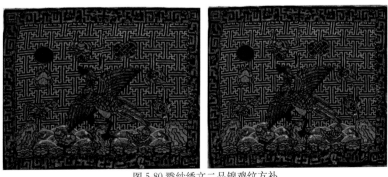

图 5-80 戳纱绣文二品锦鸡纹方补

图 5-81 刺绣文二品锦鸡纹方补

图 5-82 刺绣文二品锦鸡纹方补和原包装纸

图 5-83 刺绣文二品锦鸡纹方补

图 5-84 刺绣文二品锦鸡纹方补

4. 文三品孔雀纹

正三品：文职京官，督察院左右副督御史、宗人府丞、通政使司通政使、大理寺卿、詹事府詹事、太常寺卿；文职外官，顺天府府尹、奉天府府尹。

从三品：文职京官，光禄寺卿、太仆寺卿；文职外官，都转盐运使司运使。

文三品方补鸟纹的特点：孔雀纹有明显带圆点状的孔雀尾，头和嘴的上方有羽毛（图5-85～图5-89）。

图 5-85 盘线绣文三品 孔雀纹和原包装纸

图 5-86 刺绣文三品孔雀纹和原包装

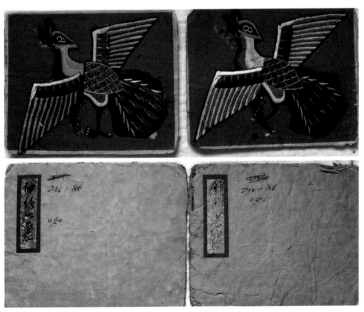

图 5-87 刺绣文三品孔雀纹和原包装

图 5-88 盘线绣文三品孔雀纹和原包装

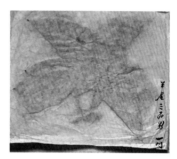

图 5-89 平金绣文三品孔雀纹及原包装

　　用丝线绣和平金相结合的方法，既解决了平金工艺色彩单调的问题，也利用了平金工艺光鲜亮丽的特点，所以很多绣品都采用刺绣和平金相结合的方法。如用金线勾边的方式，到清代晚期，这种工艺更加完善，各种变化种类繁多（图5-90～图5-92）。

图 5-90 平金绣文三品孔雀纹方补

平金绣中，黄白两色线，一般把黄色线叫金线，白色叫银线，加上平金工操作时使用不同颜色的丝线，官补中泛红的部分采用红丝线，泛绿的用绿丝线，加上金、银线的变化，形成了彩色效果（图 5-93、图 5-94）。

5. 文四品云雁纹

正四品：文职京官，通政使司副使、大理寺少卿、詹事府少詹事、太常寺少卿、太仆寺少卿、鸿胪寺卿、督察院六科掌院给事中；京职外官，顺天府丞、奉天府丞、各省守巡道员。

从四品：文职京官，内阁侍读学士、翰林院侍读学士、翰林院侍讲学士、国子监祭酒；文职外官，知府、土知府、盐运使司运同。

文四品方补鸟纹特点：云雁头无冠帽，尾呈一体，而且一直向下。容易和六品鹭鸶混淆，区别是鹭鸶有帽。

由于多数补服的来源是市场交易的行为，政府又没有详细的法规，官补的组成方式变化较多，有直接把官补织绣在服装上的，更多的是补子和衣服是分开的，应用时把相应的官补缝补在服装上。有的补子中的禽、兽是和底纹是一体的，但更多的补子和禽、兽和底纹是分别绣成，使用时把鸟、兽缝补在官补中间。到清代晚期，多数官补上面的红色太阳也是分别织绣而成，在传世实物中没有太阳的官补多数已经遗失了（图 5-95 ～图 5-102）。

图 5-91 平金绣文三品孔雀纹方补

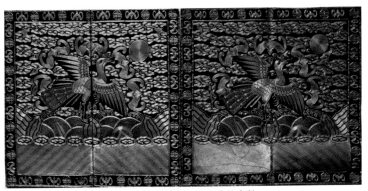

图 5-92 平金绣文三品孔雀纹方补

图 5-93 纳纱绣文三品孔雀纹方补

图 5-94 戳纱绣文三品孔雀纹方补

图 5-95 文四品云雁纹

图 5-96 文四品云雁纹及原包装

图 5-97 文四品云雁纹及原包装

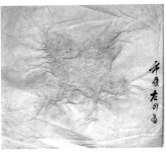

图 5-98 文四品云雁纹及原包装

图 5-99 文四品云雁纹及原包装

图 5-100 文四品云雁纹及原包装

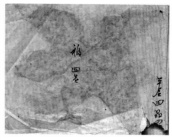

图 5-101 文四品云雁纹及原包装

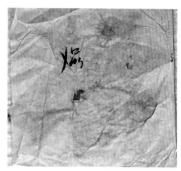

图 5-102 文四品云雁纹及原包装

在工艺方面，要使绣品有最好的视觉效果，除了色彩要合理运用外，绣线的走向至关重要。所绣物品的哪个部位、哪种色彩需要怎样行针，是评判刺绣工人技艺高低的重要标准，用同样的丝线绣同样的物品，绣线的走向不同会有不同的视觉效果。

在传世鸟类方补中，鸟纹是飞行姿态的很少，笔者有几对也都是下面没有海水纹的。因为站立的鸟纹是站在山石上面，所以这种构图也算合乎情理。

在传世实物中，中间级别的官补相对较多，高品级的和低品级的都很少，这和实际应用情况不成正比，推测应该跟生产作坊和销售部门有关系，可能是预定和预作的积压品、代售品，一些晚期的官补还没有裁剪和缝制（图5-103～图5-112）。

图 5-103 全平金文四品云雁纹方补

图 5-104 平针绣文四品云雁纹方补

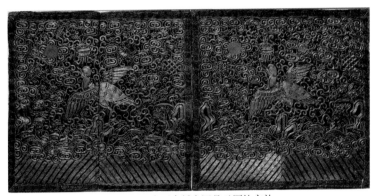

图 5-105 全平金绣文四品云雁纹方补

图 5-106 平针绣文四品云雁纹方补

图 5-107 平针绣文四品云雁纹方补

图 5-108 全平金绣文四品云雁纹方补

图 5-109 彩色平金加绣文四品云雁纹方补

图 5-110 戳纱绣文四品云雁纹方补

图 5-111 纳纱绣文四品云雁纹方补

图 5-112 平针绣文四品云雁纹方补

6. 五品白鹇纹

正五品：文职京官，左右春坊庶子、通政司参议、光禄寺少卿、给事中、宗人府理事官、各部郎中、太医院院使；文职外官，同知、土同知、直隶州知州。

从五品：文职京官，翰林院侍读、翰林院侍讲、鸿胪寺少卿、司经局洗马、宗人府副理事、御使、各部员外郎；文职外官、各州知州、土知州、盐运司副使、盐课提举司提举。

文五品方补鸟纹特点：白鹇纹尾部明显伸出五个较长分叉的羽毛、白羽、红嘴、红腿。

把丝线按纱布的孔眼，采用上下垂直的行针，有规律的往返穿越，再通过色彩的变化形成图案，这种工艺叫纳纱。一般纳纱工艺用的丝线较粗，绣品整齐规范，但视觉效果比较呆板。

戳纱的针法和纳纱的区别在于，纳纱是隔行穿越，而戳纱是穿越每一行的经纬相交处，也可以说是纳角。纳纱是上下垂直的行针方法，而戳纱的行针是采用 45°斜针，而且用的丝线较细，很费工时，所以这种工艺多数用于小件的绣品（图 5-113 ~ 图 5-125）。

图 5-113 戳纱文五品白鹇纹

图 5-114 纳纱文五品白鹇纹和原包装

图 5-115 刺绣文五品白鹇纹和原包装

图 5-116 刺绣文五品白鹇纹和原包装

图 5-117 纳纱文五品白鹇纹原包装

图 5-118 戳纱文五品白鹇纹和原包装

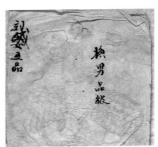

图 5-119 戳纱文五品白鹇纹和原包装

图 5-120 戳纱文五品白鹇纹

图 5-121 纳纱文五品白鹇纹

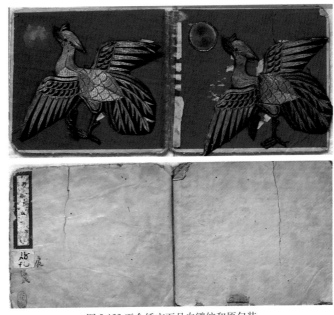

图 5-122 平金绣文五品白鹇纹和原包装

图 5-123 刺绣文五品白鹇纹和原包装

图 5-124 平金绣文五品白鹇纹和原包装

图 5-125 刺绣文五品白鹇纹和原包装

通过丝线缠绕的方式形成图案叫锁针，打籽绣和拉锁绣属于锁针类。打籽绣是用针在线上绕两圈再钉入丝绸面料，形成一个结，根据纹样排列成图案。

早期的锁绣是用一根线绣的，先在丝绸表面绕一圈，再用针线穿入形成一个链圈，很多链圈连在一起构成纹样。而晚期的锁绣多数是用两条丝线绣，一根绕成圈套，另一根用来固定，从上一个套穿入下一个套，把套与套之间固定住，是锁绣的基本原理。在实际操作中，缠绕方式和针线穿越的方向变化很多，显示的纹理也不尽相同。

把多种工艺结合起来应用很早就有实物发现，在绣品里尤为突出。到清代中晚期，刺绣业已经成为家喻户晓的产业，刺绣品品种和技艺随着市场的需要也在不断的创新和发展，在一件绣品里平绣、平金、打籽灵活的应用会使绣品具有更为生动的效果，如主题图案用打籽工艺，其他部分用平绣或平金。由于受市场推崇，这种灵活多变方法运用到很多的刺绣品中是清代中晚期除湘绣外最普遍应用的刺绣风格。

　　用细线钉补的方式按图案需要把金线固定在绸缎的表面并以色彩、排列的变化来显示纹样的叫盘金绣。此类绣品以盘绕的形式显示绣品的纹理，因为凸出于织物表面，视觉上很有质感。但和丝线绣比较，由于针线走向等原因，缺乏丝线的光泽和晕散，色彩上也比较单一。实际上平金工艺常常和其他工艺结合使用（图 5-126 ～ 图 5-139）。

图 5-126 全打籽绣文五品白鹇纹方补

图 5-127 五彩平金绣文五品白鹇纹方补

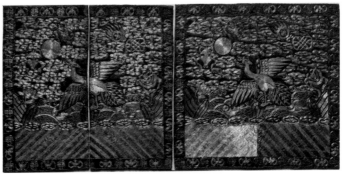

图 5-128 全平金绣文五品白鹇纹方补

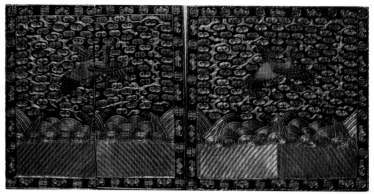

图 5-129 全平金绣文五品白鹇纹方补

图 5-130 单色锦文五品白鹇纹方补

图 5-131 平金加丝线绣文五品白鹇纹方补

图 5-132 盘线绣文五品白鹇纹方补

图 5-133 全平金绣文五品白鹇纹方补

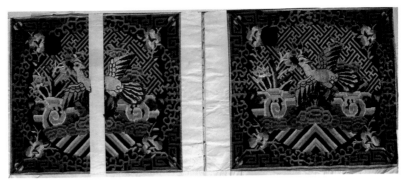

图 5-134 纳纱绣文五品白鹇纹方补

图 5-135 戳纱绣文五品白鹇纹方补

图 5-136 戳纱绣文五品白鹇纹方补

图 5-137 盘线绣文五品白鹇纹方补

图 5-138 戳纱绣文五品白鹇纹方补

图 5-139 纳纱绣文五品白鹇纹方补

7. 文六品鸬鹚纹

文文六品鸟纹的特点：鸬鹚纹头顶和腿为深色，有冠帽，身体较细长，尾部一体一直向下，和文四品云雁的区别是有官帽。

正六品：文职京官，内阁侍读、左右春坊中允、国子监司业、堂主事、主事、都察院都事、经历、大理寺左右寺丞、宗人府经历、太常寺满汉寺丞、钦天监监判、钦天监汉春夏中秋冬五官正、神乐署署正、僧录司左右善事、道录司左右正一；文职外官，京府通判、京县知县、通判、土通判。

从六品：文职京官，左右春坊赞善、翰林院修撰、光禄寺署正、钦天监满洲蒙古五官正、汉军秋官正、和声署正、僧录司左右阐教、道录司左右演法；文职外官，布政司经历、理问、允判、直隶州州同、州同、土州同。

苏绣的针法和蜀绣有比较大的区别，蜀绣的针法是先绣深浅两边，后绣中间过渡。传统的苏绣则是先绣图案的外部边缘，按顺序由外向里一层层地推进，层与层之间的重复少，针脚尽量排齐，这种针法绣出的效果纹路和层次清晰，清晰的纹路是苏绣的重要特点之一。苏绣的针脚密集，绣品显得厚重，层次明显多于蜀绣（图 5-140～图 5-146）。

图 5-147 所示圆形官补很少，工艺很精致。笔者曾看到过几对戳纱的，年代为清中期，纱地细薄的像蜻蜓翅膀。缂丝的圆形补要比方形补费工时。

图 5-140 平针绣文六品鸬鹚纹

图 5-141 平针绣文六品鸬鹚纹

图 5-142 全平金绣文六品鸬鹚纹和原包装

图 5-143 平针绣文六品鸬鹚纹

图 5-144 纳纱绣文六品鸬鹚纹方补

图 5-145 五彩绣文六品鸬鹚纹方补

图 5-146 全平金文六品鸬鹚纹方补　　　　　图 5-147 缂丝文官六品鸬鹚纹圆补

8. 文七品鸂鶒纹

正七品：文职京官，翰林院编修、大理寺左右评事、太常寺博士、国子监监丞、内阁典籍、通政司经历、知事、太常寺典籍、太仆寺主薄、部寺司库、兵马司副指挥、太常寺满洲读祝官、赞礼郎、鸿胪寺满洲鸣赞；文职外官，京县县丞、顺天府满洲教授、训导、知县、按察司经历、教授。

从七品：文职京官，翰林院检讨、銮仪卫经历、中书科中书、内阁中书、詹事府主薄、光禄寺署丞、典薄、国子监博士、助教、钦天监灵台郎、祀祭署奉祀、和声署署丞；京职外官，京府经历、布政司都事、盐运司经历、直隶州州判、州判、土州判。

文七品方补鸟纹特点：鸂鶒纹中腿和嘴为同一种红或者绿色，身上有鳞片（图5-148～图5-164）。

清代初期的官补尺寸稍大，主体鸟、兽纹比例也明显大，有尾云纹排列稀疏、构图生动规范，这些特点明显沿袭明代的风格。

图5-159官补满金线铺地，整齐排列的五彩四合如意云纹明显具有清早期的特点。

平金针法基本上是按照画稿图案的最大边缘由外向里缠绕，善于用金线与金线之间的空白来显示图案效果，就是根据需要留相应的空白，使图案层次清晰。

图5-148 刺绣文七品鸂鶒纹

图5-149 全平金绣文七品鸂鶒纹和原包装

图 5-150 平金文七品鸂鶒纹和原包装

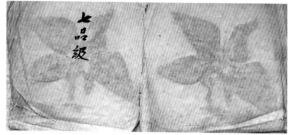

图 5-151 银线平采金文七品鸂鶒纹和原包装

图 5-152 纳纱绣文七品鸂鶒纹和原包装

图 5-153 全平金绣文七品鸂鶒纹和原包装

图 5-154 全平金绣文七品鸂鶒纹和原包装

图 5-155 刺绣文七品鸂鶒纹方补

图 5-156 刺绣文七品鸂鶒纹方补

图 5-157 纳纱绣文七品鸂鶒纹方补

图 5-158 刺绣文七品鸂鶒纹方补

图 5-159 刺绣文七品鸂鶒纹方补

图 5-160 刺绣文七品鸂鶒纹方补

图 5-161 刺绣文七品鸂鶒纹方补

图 5-162 刺绣文七品鸂鶒纹方补

图 5-163 全平金绣文七品鸂鶒纹方补

图 5-164 全平金绣文七品鸂鶒纹方补

9. 文八品鹌鹑纹

正八品：文职京官，司务、五经博士、国子监学正、学录、钦天监主薄、太医院御医、太常寺协律郎、僧录司左右讲经、道录寺左右至灵；文职外官，布政司库大使、盐运司库大使、盐道库大使、盐课司大使、盐引批验所大使、按察司知事、府经历、县丞、士县丞、四氏学录、州学正、教谕。

从八品：文职京官，翰林院典薄、国子监典薄、鸿胪寺主薄、钦天监挚壶正、祀祭署祀丞、神乐署署丞、僧录司左右觉义、道录司左右至义；文职外官，布政司照磨、盐运司知事、训导。

文八品方补鸟纹的特点：鹌鹑纹有明显的秃尾。

清代中晚期使用打籽绣工艺较普遍。有一部分平金采用横向平排的方式显示图案，这种工艺平出的图案平整，但缺乏立体感。这是一个流传时间很短但很正规的工艺，有一定的传世量。根据传世实物看，流行年代应在18世纪末到19世纪初，再早或晚期都没有这种工艺。

在传世的官补中，妆花和织锦工艺的极少，晚期有少量单色的官补，底色为黑褐色绸纹，鸟纹颜色都是黄色或黄白色，构图风格基本相同，明显属于同一时期的机织产品，业内称之织锦（图5-165～图5-172）。

图 5-165 平针绣文八品鹌鹑纹

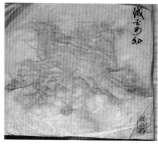

图 5-166 全平金文八品鹌鹑纹和原包装

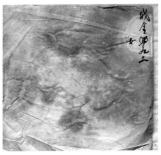

图 5-167 纳纱绣文八品鹌鹑纹和原包装

图 5-168 缂丝文八品鹌鹑纹方补

图 5-169 全打籽文八品鹌鹑纹方补

图 5-170 盘线绣文八品鹌鹑纹方补

图 5-171 刺绣文八品鹌鹑纹方补

图 5-172 织锦文八品鹌鹑纹方补

10. 文九品练雀纹

正九品：文职京官，礼部四译会同馆大使、钦天监监侯、司书、太常寺汉赞礼郎；文职外官，按察司照磨、府知事、同知知事、通判知事驿丞、土驿丞、河泊所所官、牐官、道县仓大使。

从九品：文职京官，翰林院侍诏、满洲孔目、礼部四译会同官序班、国子监典籍、鸿胪寺汉鸣赞、序班、刑部司狱、钦天监司晨、博士、太医院吏目、太常寺司乐、工部司匠文职外官，府厅照磨、州吏目、道库大使、宣课司大使、府税课司大使、司府厅司狱、司府厅仓大使、巡检、土巡检。

未入流：文职京官，翰林院孔目、都察院库使、礼部铸印局大使、兵马司吏目、崇文门副使；文职外官，典史、土典史、关大使、府检校、长官司吏目、茶引批验所大使、盐茶大使、县主薄。

文九品方补鸟纹特点：练雀纹两个长尾上分别有明显的半圆形眼。

既有典章规定又能代表阶层的官补和龙袍一样，工艺涵盖了当时的所有织绣种类。清代中早期工艺粗细差距不大比较稳定，到晚期工艺粗细的差距越来越大，工艺的种类也越来越多，其原因应该和市场行为有关系。使用者可以花较多的钱买工艺精细的，也可以很便宜买工艺较差的。

笔者在长期的接触和收藏中发现文五品官的补子数量多于其他品位，其次是四、六品，而三品、七品、一品和九品都相对少。当时在职官员品位数量的排列肯定不会是这样的，究其原因应该是官补的生产和销售仅仅是预期，中间品级的销售机率相对高一些，当然这只是笔者推测。

笔者曾在一个拍卖会上买到一批官补和补子上的禽、兽纹，其中禽、兽纹二十六对，无鸟、兽纹的官补十四对，全部没有用过。年代都是清晚期，禽、兽纹的包装纸上都标着品级。通过这些实物不难看出，这些官补在没有出售之前，决定品级的禽、兽纹和补子可灵活购买使用（图 5-173~ 图 5-182）。

图 5-173 刺绣文九品练雀纹

图 5-174 全平金绣文九品练雀纹和原包装

图 5-175 纳纱绣文九品练雀纹

图 5-176 全平金绣文九品练雀纹

图 5-177 盘线绣文九品练雀纹方补

图 5-178 五彩绣文九品练雀纹方补

图 5-179 织锦文九品练雀纹方补

图 5-180 五彩绣文九品练雀纹方补

图 5-181 全平金绣文九品练雀纹方补

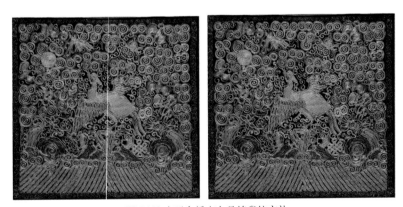

图 5-182 全平金绣文九品练雀纹方补

第六章

甲胄

甲胄的功能类似于现代的防弹服，可以较大程度地保护将士身体免遭敌方兵器的重创。由于历史上频繁的战争，甲胄一直沿用了数千年，其间形制不断得到改进，制作甲胄的材料也多种多样，防护功能也越来越强。

战国时期，甲胄主要以皮革制作，但也出现了铁甲胄，到西汉中期，铁甲胄已经占据了主要地位，同时结构上也有了完善。秦代是两种质地的甲胄并存发展的时期，也是中国古代甲胄发展史上承上启下的关键时期。

经过几千年的发展和变化，甲胄无论是皮质还是铁质的功能都已经比较完善，为了尽量活动自如，增强防护性能，整体趋势是组合的小片愈加零碎坚硬，有的甲胄甚至是用铁链组成的。到清代，甲胄的功能分化成了两种作用，一种是以实战防护为目地，这种甲胄里面都有鱼鳞状排列的铁片。另一种是为了营造一种气氛，以装饰为主，宫廷里从皇帝到侍卫、官员等也都使用不同纹样和款式的织绣甲胄。后来随着武器的快速发展，冷兵器的逐步淘汰，这种甲胄在一定程度上已经失去了甲胄的实际作用，变成了一种象征性、装饰性的服装。

关于旗人和满人的名称，因为容易混淆这里有必要说一下。笔者知道所谓满人就是指满族人，指的是一个民族。而清代所说的旗人是指军队的建制，即所谓八旗，八旗制度是中国清代满族的社会组织形式。

八旗制度是清太祖努尔哈赤于明万历二十九年（1601年）正式创立，初建时设四旗：黄旗、白旗、红旗、蓝旗。1614年因"归服益广"将四旗改为正黄、正白、正红、正蓝，并增设镶黄、镶白、镶红、镶蓝四旗，合称八旗，统率满、蒙、汉族军队。规定每300人为一牛录，设牛录额一人，五牛录为一甲喇（队），设甲喇额真（参领）一人，五甲喇为一固山，设固山额真（都统、旗主）一人，副职一人，称为左右梅勒额真（副都统）。

皇太极继位后为扩大兵源在满八旗的基础上又创建了蒙古八旗和汉军八旗，其编制与满八旗相同。满、蒙、汉八旗共二十四旗构成了清代八旗制度的整体。满清入关后八旗军又分成了禁旅八旗和驻防八旗（图6-1）。

一、甲胄的基本组合

甲为上衣下裳式，上衣圆领对襟，有衣袖连体的，也有坎肩式单接袖子的，后者更灵活。下裳分两片与上部连在一起，围在腰间分开护两腿。其他还有很多配饰。如帽子、护心镜、下裳金铰、护肩、护腋、前裆、左裆、吉服带、弓套、箭套等（图6-2~图6-14）。

职官甲民间传世很少，甲胄的色彩分黄、白、红、蓝四种颜色，是根据穿着的人是哪个旗而定。如正蓝旗穿蓝色甲胄，宫廷侍卫也穿用甲胄。但清代侍卫穿的甲胄大多数是素色，没有织绣工艺的龙纹。

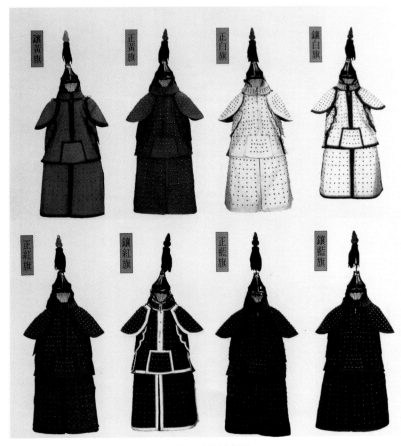

图 6-1 八旗甲胄图
摘自黄能馥、陈娟娟著《中华服饰艺术》

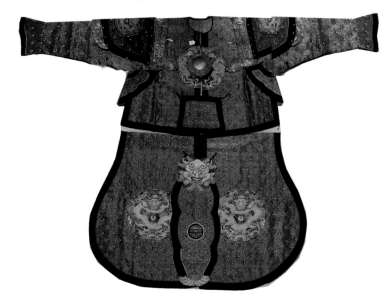

图 6-2 织金地团龙纹职官甲

（a）职官甲上衣前

（b）职官甲上衣后
身长 73 厘米，通袖长 198 厘米，下摆宽 86 厘米

（c）职官甲下裳

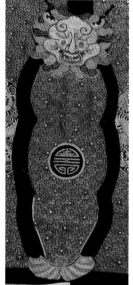

（d）下裳金铰

图 6-3 职官甲下裳
高 98 厘米，宽 132 厘米

图 6-4 名护肩
高 47 厘米，宽 45 厘米

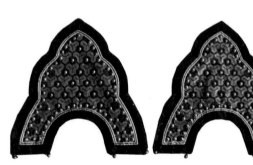

图 6-5 护腋
高 31 厘米，宽 31 厘米

图 6-6 前裆、左裆
高 20 厘米，宽 24 厘米

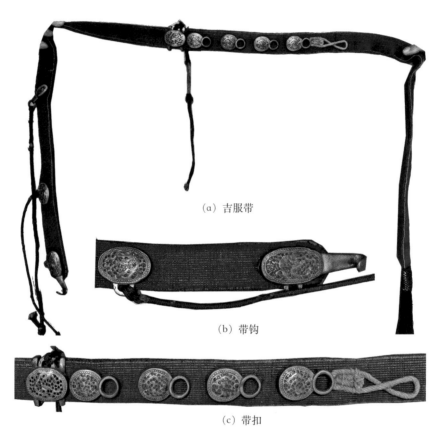

（a）吉服带

（b）带钩

（c）带扣

图 6-7 吉服带及带钩、带扣特写
吉服带长 168 厘米，宽 3.5 厘米

图 6-8 护心镜
直径 13 厘米

图 6-9 弓套
高 58 厘米，最宽处 36 厘米

图 6-10 箭套
最高 29 厘米，宽 22 厘米

(a)   (b)   (c)   (d)

图 6-11 胄（帽）
总高 116 厘米

图 6-12 胄（帽）细节

图 6-13 帽顶

图 6-14 翟翎
高 42 厘米

二、甲胄分类

清代的甲胄有明确的阶级划分，清朝沿袭明朝传统，设六部（吏、户、礼、兵、刑、工），各部长官（管部的大学士及尚书、侍郎等）称堂官，部下属各司的郎中、员外郎、主事以及主事一下的七品小京官称为司官。

在六部之外和六部并立的中央行政机构有大理寺、太常寺、光禄寺、太仆寺、鸿胪寺、国子监、钦天监、翰林院、太医院、理藩院、宗人府、詹事府、内务府。

（1）军事

清朝军队主要分八旗和绿营两个系统，八旗又分京营和驻防两部分。京营中侍卫皇帝的称为亲军，由侍卫处（领侍卫府）领侍卫内大臣和御前大臣分掌。而御前大臣持掌乾清门侍卫和皇帝出行随扈，权位尤重。其他守卫京师的有骁骑营、前锋营、护军营、步兵营、健锐营、火器营、神机营、虎枪营、善扑营等。

骁骑营由八旗都统直辖，也就是驻京的特种部队。前锋营、护军营、步兵营各设统领管辖，健锐营、火器营、神机营由于都是特种兵，设掌印总统大臣或管理大臣管辖。虎枪营专任扈从、围猎等，设总统管辖，善扑营则专门练习摔角。

驻防八旗驻扎于全国各重要之地，视情况不同设将军、都统、副都统、城守尉、防守尉等官。内地将军等只管军事，而驻扎边疆的将军等要兼管民政。清朝的将军是满官的称号，战时则任命亲王为大将军。

绿营即汉兵，驻扎京师的称巡捕营，归步军统领管辖。绿营的建制分标、协、营、汛几级，标又分为督标、抚标、提标、镇标、军标、河标、漕标等，分别由总督、巡抚、提督、总兵、八旗驻防将军、河道总督、漕运总督统率。督标、抚标、军标、河标、漕标都是兼辖，实际各省绿营独立组织为提标、镇标，提督实为一省的最高武官。总兵略低于提督，总兵以下，副将所属为协，参将、游击、都司、守备所属为营，千总、把总、外委所属为汛。

（2）行宪

沿袭明代，设监察院，左都御史、左副都御史为监察院长官，右都御史、右副都御史则为总督、巡抚的加衔。

（3）地方

清沿袭明制，大致分省、府、县三级，总督、巡抚为掌握行政、军事、监察大权的高级地方官员。布政、按察两使为督、抚的属官，与督、抚平行的有驻防将军和提督学政，不过驻防将军只管八旗驻军。提督学政只管学校与科举考试，其权力不能与督、抚相比的。

省以下有道的设置，道为监察区性质，不算正式行政区。道主要有分守道和分巡道两种，兼兵备衔，另有一些不属布政、按察二司的道，如海关道、管河道、督粮道、盐法道等。

省以下为府，设知府、同知、通判等官，与府平行的有直隶厅，设同知、通判。

府以下为县，设知县、县丞、主簿等官，与县平行的为散厅，设置同直隶厅。

在少数民族地区则设专门机构管理，即土司。一般分为两种：一种由军事部门管辖，如宣慰司、宣抚司、安抚司、招讨司、长官司等，长官为宣慰使、宣抚使、安抚使等。另一种是由行政部门管辖，也设府、县等，官员称土知府、土知县，通常由少数民族头人担任。

内阁 明朝时为了进一步集权而不设宰相、中书省等机构，宰相的权利转移到内阁，由内阁来处理国家政务。清朝继承了这一做法，内阁的首辅大学士以及协办大学士都被称为中堂，即宰相的别称。但实权则由军机处掌握，在军机处任职的官员称为军机大臣，统称大军机，军机大臣的僚属称为军机章京，又称小军机。

（一）皇帝、随侍甲

皇帝大阅甲明黄缎，表月白，裹青伪缎缘，中敷棉外布。金钉上衣下裳，左右护肩，左右护腋，左右袖裳间，前裆左裆裳亦分左右。凡十有一，属皆以明黄绦，金交联缀服之，衣前绣五彩升龙二，后正龙一。护肩、护腋、前裆、左裆，各正龙一，裳幅金线，相比为金交，五重间以青倭缎。绣行龙各二，四周亦如之，袖以金线缀，下缘黄缎绣五彩金龙各二，运肘处为方空，鍐一寸七分，横二寸一分，袖端月白缎绣金龙各一，向外各缀明黄绦，约于中指，护肩接衣处月白缎金线各绣金升龙二，行龙六，饰珠。

皇帝大阅甲一：谨按世本典章作甲考工记函人为函权，其上旅與其下旅而重，若一贾公彦，疏上旅而为，衣下旅为裳。许慎，说文臂而上，皆坚重之，名孔颍达尚书正义甲之，有碟考工所谓扎也。

本朝定制：皇帝随侍甲石青缎，表加缘，月白绸里。通绣金龙，环以花纹，护肩后横石青缎云，叶亦绣金龙，裳幅各绣金升龙一，属横幅系之，裳中缝上下敛，不悬护心镜，余如大阅甲一之制（图6-15~图6-17）。

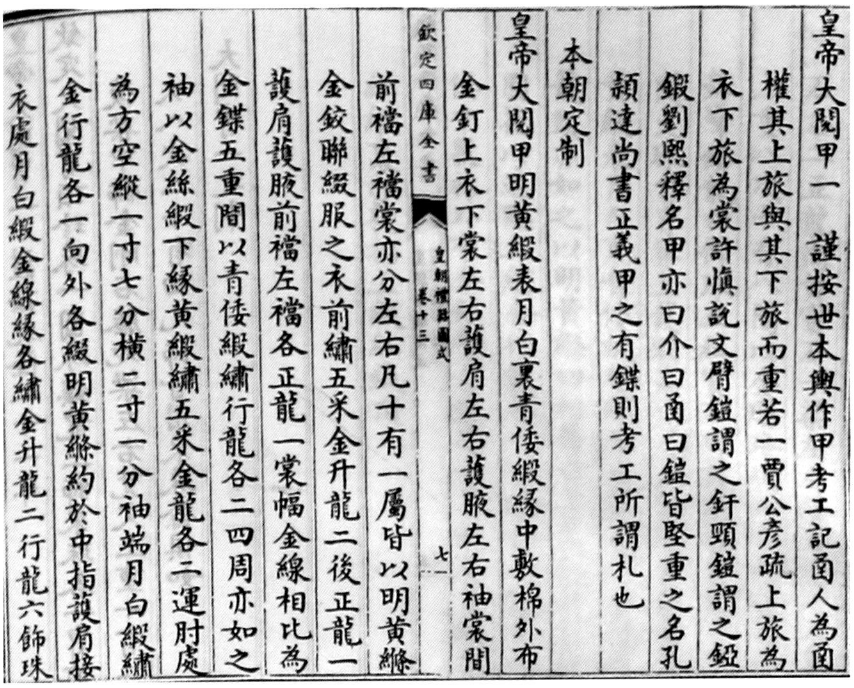

衣處月白緞金線緣各繡金升龍二行龍六飾珠

金行龍各一向外各緞明黃絲約於中指護肩接

為方空縱一寸七分橫二寸一分袖端月白緞繡

袖以金絲緞下緣黃緞繡五采金龍各二運肘處

金鑷五重間以青倭緞緣行龍二裳亦如之

護肩護腋前襠左襠之衣前繡五采金升龍一後正龍一裳幅金線相比為

金鈒聯綴服之衣前繡五采金升龍二後正龍一

前襠左襠裳亦分左右凡十有一屬皆以明黃緞

金釘上衣下裳左右護肩左右護腋左右袖裳間

皇帝大閱甲明黃緞表月白裏青倭緞緣中敷棉外布

本朝定制

顏達尚書正義甲之有鑷則考工所謂札也

鍛劉熙釋名甲亦曰介曰函曰鎧皆堅重之名孔

衣下旅為裳許慎說文臂鎧謂之釪頸鎧謂之鍜

權其上旅與其下旅而重若一賈公彥疏上旅為

皇帝大閱甲一 謹按世本興作甲考工記函人為函

欽定四庫全書　皇朝禮器圖式　卷十三　七一

图 6-15 皇帝大阅甲 （《皇朝礼器图式》记载）

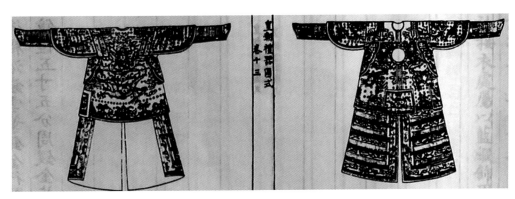

图 6-16 皇帝大阅甲一

图 6-17 皇帝随侍甲

清代服饰制度与传世实物考 男装卷

（二）亲王、贝勒、职官甲

亲王甲石青绦子锦，表月白绸，里中敷铁叶，外布金钉，青倭缎缘，裳幅铁叶四重，护肩接衣处铁叶十有四，周以暂金云龙，饰珊瑚、绿松石、青金各一，前悬护心镜，甲绦金黄色，郡王亦被之（图6-18）。

贝勒甲绦石青色，余如亲王甲之制，贝子、固伦额驸，入八分公皆用之（图6-19）。

职官甲一：石青缎，表蓝布里中敷铁叶，外布银钉，石青倭缎。前后及护肩、护腋、前裆、左裆各绣团蟒一，裳幅团蟒二，护肩接衣处铁叶二十绺，金龙，甲绦石青色领。侍卫内大臣、八旗都统、前锋统领、护军统领、直省总督、提都、巡抚、内大臣、和硕额驸、郡主额驸、内大臣里行之、公、候、伯散秩大臣、随旗行之，公候伯子男，文武一品，文二品（图6-20~图6-22）。

职官甲二：本朝定制，职官甲前后及护肩各绣团蟒一，裳幅团蟒二条，俱如职官甲一之制，文三品以下，骁骑参领，郡君额驸，县君额驸，乡君额驸，直省副将以下皆被之（图6-23、图6-24）。

职官甲三：本朝定制，职官甲前后及护肩各绣团蟒一，裳幅铁叶四重，护肩接衣处缀银，云龙余俱如职官甲一之制，侍卫銮仪卫所属官，前锋参领，护军参领，前锋侍卫，护军侍卫，王府长史，护卫典仪皆被之（图6-25、图6-26）。

图6-18 亲王甲

图6-19 贝勒甲

图 6-20 职官甲一

图 6-21 石青缎地职官甲

图 6-22 石青缎地职官甲

图 6-23 石青缎地团龙纹职官甲

图 6-24 职官甲二

图 6-25 织金地团龙纹职官甲

图 6-26 职官甲三

（三）护军、前锋甲

护军前锋甲至以下基本都是素面钉有铜钉，不带团龙纹。颜色随旗色，款式按本朝制定。

护军校棉甲：谨按乾隆二十一年。钦定护军校棉甲，白缎，表蓝绸，里缘如表色，中敷棉外布，黄铜钉，上衣下裳，左右袖，护肩、护腋、前裆、左裆皆全（图 6-27、图 6-28）。

听曾经在故宫工作过的人讲，故宫里的工作人员曾经在同意的情况下，有用甲胄顶替工资的现象。

前锋甲：本朝定制。前锋甲青布，表月白里，缘如表色，不施彩绣，余俱如前锋校甲之制，护军绿营皆被之（图6-29、图6-30）。

前锋棉甲：谨按乾隆二十一年。前锋棉甲石青绸、表蓝布、里外布、白铜钉、余如护军校棉甲之制，护军皆被之（图6-31、图6-32）。

前锋校甲：本朝定制。前锋校白缎表，素里无袖，中敷铁叶，外布黄铜钉、红片金及石青布缘，二重前后绣蟒各一、通绣莲花裳、幅铁叶三重、护军校亦被之（图6-33）。

图6-27 护军校棉甲图

图6-28 黄色铜锭护军校棉甲图

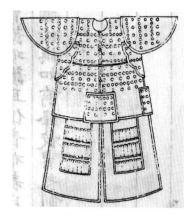

图 6-29 前锋甲图

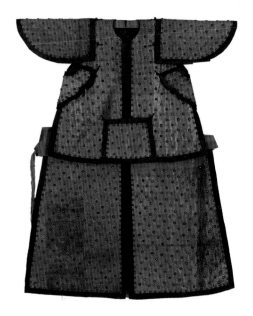

图 6-30 织金锦红缎缘前锋甲

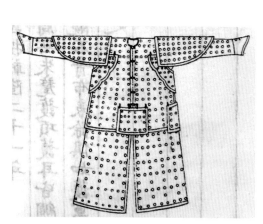

图 6-31 前锋棉甲图

图 6-32 前锋棉甲

图 6-33 前锋校甲图

（四）武状元甲、骁骑甲

甲胄的传世量很少，状元甲很难看到实物，为了让读者图文并茂的了解，将《皇朝礼器图式》中资料转载了一些供大家参考。

武状元甲：本朝定制。武状元甲练铜为之，红绸里、红片金缘，通族贝纹铜叶、两袖铜叶、四重裾，下周结绿绦，下垂红捼，前后各四十行（图6-34）。

骁骑校甲：表以缎各从旗色，如胄制缘亦如之，余如前锋校甲之制（图6-35）。

谨按乾隆二十一年：骁骑棉甲绸表，各如旗色，蓝布里、缘如胄，制中敷棉，外布白、钢钉、上衣下裳、护肩、护腋、前档、左档具全（图6-36～图6-38）。

此甲年份早于乾隆、龙纹和花卉色彩等都符合明末清初。甲的里面缀方形铁片（甲叶），说明是实战甲。

夜角兵棉甲：谨按乾隆二十一年，钦定夜角兵棉甲无裳及左档，余俱如骁骑棉甲之制（图6-39）。

最后两件实物是笔者收藏的、年份均为清代中晚期。绿色的是妆花龙纹、灰色的为两色提花，两件的缝制工艺精细规范。在那时的经济条件下应该不是一般百姓所为，款式具有明显铠甲的风格，但和典章不符，清代法制服装不符合典章的现象较多（图6-40、图6-41）。

图6-34 武状元甲图

图6-35 骁骑校棉甲图

图 6-36 骁骑校甲图

（a）正面

（b）反面

图 6-37 蓝色骁骑校甲

（a）正面

（b）反面

图 6-38 红色骁骑校甲

第六章 甲胄

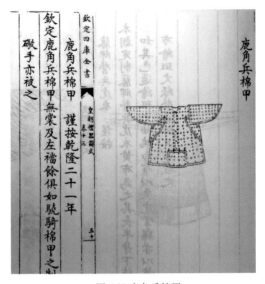

图 6-39 夜角兵棉甲

图 6-40 绿色妆花缎龙纹兵甲

图 6-41 浅蓝色夜角兵甲

后记

　　多年接触和研究清代服制，整体感觉清代服装制度完全没有明代执行的那么认真，也没有人们想象的那么严格。在颜色和款式上还基本符合规制，但在纹样上个别服装差之甚远，如龙爪在雍正以前基本按典章，不同的阶级分别应用四爪、五爪龙纹，之后对于龙爪纹样的应用逐渐模糊，到清代晚期，不管什么等级的官员，也不管什么织绣品，四爪龙纹很少见到，明显与典章要求不符。

　　还有朝袍下摆上的小团龙，典章明确规定皇帝用九条小团龙，皇太子用七条，以下各品级不用，大约乾隆以前的朝袍基本按典章执行，以后逐渐混乱，大约道光以后，不管什么色彩，绝大多数都织绣有小团龙，而且六条、七条、八条不等。

　　这种明显不符合典章的现象，导致了清代官服概念上的混乱，回想起来各种因素甚多，但首先应该是少数民族执政的原因，满族人可以打败多于本民族百倍的汉人政权，但地域广阔、人口众多，各地风俗习惯差异巨大，加上汉人的复明情绪，要从习俗服饰等全面改变，确实困难重重。所以，要分析研究清代服制，除了认真查阅相关文献以外，只有广泛地接触实物才能更加客观准确的给予解释。

除此以外，还有一个重要因素，清代乾隆以后，虽然有较完善的服装制度，但具体执行却不太严格。根据一些历史资料、传说故事等知道，宫廷里皇帝宗族固然有完善的供需制度，但地方上文武百官却要个人购买或定做，这也导致了执行时出现偏差。

按照正常社会规律，有买卖就有市场，况且面对的都是达官贵族和不太计较价钱的有钱人，所以，制作销售各种官服的市场蓬勃发展，这种发展不但体现在官服上，在这些上等阶层人的影响下，很快成为一种时尚，带动了织绣产业快速发展，各个产地的工厂作坊都可以制作、销售各种官员穿用的服装。这也是造成清代官服工艺构图差距大的主要原因。所有文武百官可以随意的购买不同工艺，甚至不同风格的官服，这种供需结构，加上清政府疏于管理，使得越来越混乱的现象成为必然，越到晚清，官员制服不符合典章的现象越加严重。

客观的说，清朝政府作为最高统治机关生活上奢侈、腐败在所难免，但整体大局上还是崇尚廉洁奉公的，从宫廷服装上看，除了服制所规定的图案和款式以外，从织绣工艺上绝大部分都没有特别之处，整体和地方上没有明显的差别，只是相对规范而已。